新疆博斯腾湖周缘
多类型沉积体系与地质意义

高志勇　石雨昕　冯佳睿　周川闽

张志杰　周红英　翟羿程　吴　昊　　著

石油工业出版社

内 容 提 要

本书对新疆南天山前博斯腾湖及其周缘的冲积扇、河流三角洲、扇三角洲、滩坝与风成沙丘等多种类型沉积体系的沉积构造、砂砾质沉积物组分、重矿物组合，以及沉积体系源汇系统、空间展布与成因机制等进行了系统阐述。将今论古运用现代沉积关键地质参数，经过相似性对比分析，刻画准噶尔盆地西北缘与南缘中生代物源区范围、湖岸线演化位置，恢复了岩相古地理特征，为深层油气勘探提供重要的地质依据。另外对博斯腾湖及其周缘现代多类型沉积体系的多个考察点进行了详细介绍，为现代沉积考察提供指南。

本书可供广大从事沉积学、石油勘探开发科技工作者和高等院校相关专业师生参考与阅读。

图书在版编目（CIP）数据

新疆博斯腾湖周缘多类型沉积体系与地质意义 / 高志勇等著 . —北京：石油工业出版社，2023.1

ISBN 978–7–5183–5498–6

Ⅰ.① 新⋯ Ⅱ.① 高⋯ Ⅲ.① 博斯腾湖 – 沉积体系 – 研究 Ⅳ.① P618.130.2

中国版本图书馆 CIP 数据核字（2022）第 141545 号

出版发行：石油工业出版社

（北京安定门外安华里 2 区 1 号　100011）

网　　址：www.petropub.com

编辑部：（010）64253017　　图书营销中心：（010）64523633

经　　销：全国新华书店

印　　刷：北京中石油彩色印刷有限责任公司

2023 年 1 月第 1 版　2023 年 1 月第 1 次印刷

787×1092 毫米　开本：1/16　印张：13

字数：350 千字

定价：150.00 元

前言 PREFACE

天山南北塔里木盆地库车坳陷与准噶尔盆地南缘的中生界深层，蕴藏着极丰富的天然气资源，具有巨大的油气勘探潜力。近年来，作者在针对中生界砂砾岩规模有利储集体分布预测研究中，遇到了目的层埋深大、钻井揭示少、地震成像复杂且多解性强，致使深层有利储集体分布预测较为困难的现实问题，这也是制约准噶尔盆地南缘深层大规模油气勘探突破的关键问题之一。因此，寻找有效的用于古代地层岩相古地理恢复的关键地质参数十分重要，这也是陆相湖盆大面积砂砾岩储集体分布预测的重要研究方向与学术前沿。

位于新疆南天山前的博斯腾湖是中国最大的内陆淡水湖泊，东西长 55km，南北宽 25km，水域总面积 800 多平方千米，湖面海拔 1048m，平均深度 9m，湖水最深 17m。其周缘发育有河流、三角洲、冲积扇、扇三角洲、滩坝、风成沙丘等多种类型沉积体，砂砾质大面积广泛分布。在卫星图上观察，各种沉积体系的空间展布形态美观、布局和谐，是开展现代沉积体系解剖并对比古今陆相湖盆大面积储集体分布规律的最有利天然实验室之一。由此，既感叹于大自然的鬼斧神工，又有实地考察探究其成因的冲动！

自 2014 年以来，作者对博斯腾湖及其周缘开展了长期的现代沉积研究工作，以期揭示在近源和远源（均为单一沉积物源）条件下，湖盆及其周缘的河流、（扇）三角洲等多类型沉积体系的源汇系统、空间展布与成因联系，并可与古代陆相湖盆的相应环境进行对比、判识与借鉴，进而还原古代沉积环境及其重要沉积微相构型要素等。

本书对博斯腾湖及其周缘的冲积扇、河流三角洲、扇三角洲、滩坝与风成沙丘等多类型沉积体系的沉积构造、砂砾质沉积物组分、重矿物组合，以及沉积体系源汇系统、空间展布与成因机制等进行了系统阐述。运用沉积学及地质统计学的理论和方法，通过对野外剖面沉积序列及组合、辫状水道平面展布及沉积物特征的观察描述与测量，结合遥感影像及前人研究成果，分析博斯腾湖周缘多类型沉积体系从源到汇的物质组分变化、沉积构造变化、沉积物垂向与平面的演化规律、测量并统计砾石的平均砾径与沉积搬运距离关系、沉积坡度与各种沉积体关系等参数，揭示现代干旱气候条件下陆相淡水湖盆周缘沉积体系的空间展布规律与成因机制，对比分析现代与古代各种地质参数关系与规律，为我国陆相湖盆岩相古地理研究与准确地质编图提供重要参考。将今论古运用现代沉积体关键地质参数，经过相似性对比分析，刻画准噶尔盆地西北缘与南缘中生代物源区范围、湖岸线演化位置，恢复了岩相古地理特征，为准噶尔盆地深层油气勘探提供重要地质依据。

附录对博斯腾湖及其周缘的现代开都河河流三角洲、湖相滩坝及风成沙丘、黄水沟冲积扇、清水河与马兰红山扇三角洲等多类型沉积体系的多个考察点进行了详细介绍，包括考察点的位置、沉积相类型、沉积构造与沉积物特征等，以期通过大量的野外考察图片与沉积特征解释，为我国西部在干旱气候条件下，现代陆相湖盆沉积特征、展布规律与成因机理的研究增添实例，并藉此与学界同行进行交流学习。再者，由于随着近年来大规模经济建设的开展，开都河河流三角洲、黄水沟冲积扇、清水河扇三角洲等许多沉积原貌受到人为因素的干扰而改变，因此也希望本书能够将多类型沉积体系的原貌尽可能地保留，为相关地质研究提供最初的原始资料。

　　本书由高志勇、石雨昕、冯佳睿、周川闽、张志杰、周红英、翟羿程、吴昊合著完成。第一章由高志勇、石雨昕、翟羿程执笔；第二章由高志勇、石雨昕、冯佳睿、周红英执笔；第三章由石雨昕、高志勇、翟羿程、周川闽、冯佳睿、张志杰、吴昊执笔；第四章由翟羿程、高志勇、石雨昕、冯佳睿、周川闽、张志杰执笔；第五章由高志勇、石雨昕、冯佳睿、周川闽、翟羿程、吴昊执笔；第六章由高志勇、石雨昕、周川闽、张志杰、周红英、吴昊执笔；第七章由高志勇、冯佳睿、石雨昕、周川闽、翟羿程执笔；附录由高志勇、石雨昕、冯佳睿、周川闽、翟羿程、吴昊执笔。董文彤、成大伟、肖萌、樊小容、李雯等同志参与了野外露头测量和部分章节图件编制等工作。陶海东、朱利江、付强等同志作为野外工作的向导，为本书提供了巨大帮助！前言和全书统稿工作由高志勇、石雨昕、周川闽完成。

　　本书是研究团队多年来辛苦工作的结晶。各项工作的完成与中国石油勘探开发研究院各级领导和相关研究人员的关心、支持与帮助紧密相连，顾家裕教授、罗平教授、赵孟军教授、侯连华教授、袁选俊教授、柳少波教授、张斌教授、朱如凯教授、张友焱教授、李相博教授等给予了很多关心与帮助。罗忠、毛治国、吴松涛、崔景伟、崔京钢、张响响、张静、陈竹新、卓勤功、鲁雪松、王丽宁、张宇航、李晓红、任超等同志为此书出版提供了帮助，在此对所有给予我们关心和帮助的同志致以最衷心的感谢！

　　鉴于作者水平有限，书中疏漏之处敬请广大读者不吝指正！

目 录 CONTENTS

第一章　区域地质与水文特征

新疆博斯腾湖位于塔里木盆地东北侧焉耆盆地，因盆地中的焉耆县而得名。行政区划属于新疆巴音郭楞蒙古自治州，位于东经 85° 06′—87° 36′，北纬 41° 33′—42° 42′。焉耆盆地是天山主脉与其支脉之间的中生代断陷盆地，盆地呈菱形，东西长 170km，南北宽 80km，面积约 $1.3 \times 10^4 km^2$。盆地由西北向东南倾斜，边缘海拔 1200m 左右，最低的博斯腾湖面海拔为 1048m（袁正文，2003）。

第一节　区域地质概况

一、构造特征

焉耆盆地是南天山海西褶皱基底和塔里木结晶基底之上发展起来的中生代—新生代叠合盆地，具两坳一隆的构造格局，自北而南为和静坳陷、焉耆隆起和博湖坳陷。现今焉耆盆地断裂呈挤压逆冲断层性质，盆地周边的断裂以近东西向为主，且受到北西向断裂的切割（图 1-1）。盆地内部的断裂分为北西西向、北东东向、北西向、南北向 4 组，北西西向和北西向最发育，断层多沿走向发生弯转，不同断层呈平行、交叉切割、雁列等相接关系（图 1-2）。但是，在断层的相接关系中以"丁"字形相接为主，即其中一条断层在与另一条断层相遇时就与其融合在一起。焉耆盆地各个方向断裂的规模不等，北西西向断裂规模大，平面延伸距离远，一般横亘盆地东西，以挤压为主，兼左旋剪切特征；北西向断裂多夹持于北西西向断裂之间，规模小，在盆地南部具有成带发育的特点（陈建军等，2007）。

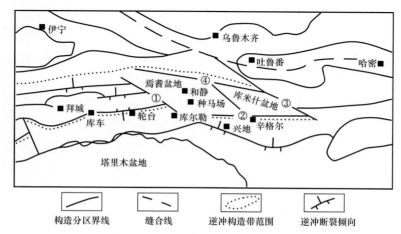

图 1-1　新疆焉耆盆地区域构造位置（据袁正文，2003）
①—铁门关断裂；②—辛格尔断裂；③—托克逊断裂；④—桑树园子断裂

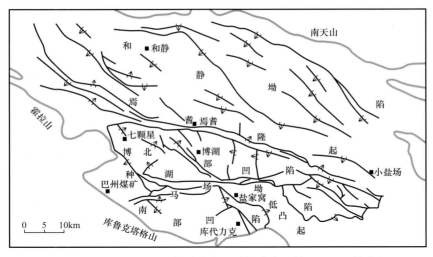

图 1-2　新疆焉耆盆地断裂分布图（据陈建军等，2007，修改）

二、地层特征

　　焉耆盆地由南北两个不同的构造单元构成盆地基底，南部为塔里木地台的库鲁克塔格断隆，主要由前震旦系变质岩、震旦系—奥陶系未变质—浅变质的沉积岩组成（吴富强等，2000；赵追等，2001）；北部为南天山型基底，主要由古生界的变质岩以及中生界沉积岩组成（林爱明等，2003）。焉耆盆地盖层由中新生界组成，中生界地层分布于盆地南部的博湖坳陷，呈南厚北薄，由中—上三叠统小泉沟群、下侏罗统八道湾组和三工河组、中侏罗统西山窑组构成，岩性为含煤碎屑岩建造。新生界齐全，覆盖全盆地（图 1-3），包括古近—新近系和第四系，岩性为红色碎屑岩建造（陈建军等，2007）。

Qh 全新统	Qh 全新统沙丘	Q_p^3—Qh 上更新统—全新统	Q_p^3 上更新统
Q_p^2 中更新统	Q_p^1 下更新统	N 上新统	PC_2 前新生界
逆断裂	走滑断裂	断裂	背斜

图 1-3　新疆焉耆盆地地质简图（据李安等，2012）

第二节　水文地质与气候特征

一、焉耆盆地水文地质和气候特征

　　焉耆盆地略呈菱形，长轴方向为北西西向，地势从西北向东南倾斜，最低处为我国最大的内陆淡水湖——博斯腾湖，其周缘发育河流、三角洲、冲积扇、扇三角洲、滩坝和风成沙丘等多种类型沉积体。该区地处我国西北内陆腹地，为典型的大陆性干旱气候，降水稀少，蒸发强烈，夏季炎热，冬季寒冷。

　　自1956年以来，焉耆盆地的年平均气温变化幅度小，但总体呈显著递增趋势，而年内月平均气温变化幅度大（表1-1）。区内降水量小，年降水量总体上也呈现增加趋势，其与气温的相关性达到了显著水平；年内降水分配不均，主要集中于5月—8月，月际降水量变化幅度大，为0~76.9mm（表1-2）。区内蒸发量大，近些年蒸发量呈现降低趋势（表1-3）。开都河水量丰富，是本区最主要的水源，其年际变化幅度较小，其流量与降水、蒸发等密切相关（刘延锋等，2005）。

表1-1　焉耆盆地历年各月平均气温统计值（据刘延锋等，2005）　　　（单位：℃）

月份	1月	2月	3月	4月	5月	6月	7月	8月	9月	10月	11月	12月
最大	-7.1	-0.5	7.2	15.7	20.4	25.0	25.2	24.3	19.5	11.0	3.3	-4.0
最小	-17.7	-10.7	-4.2	9.8	15.0	19.5	20.9	19.5	14.5	5.8	-4.8	-15.3
平均	-10.7	-4.9	4.0	12.3	18.0	21.4	22.7	21.8	16.9	8.6	-1.1	-8.5

表1-2　焉耆盆地历年各月降水量统计值（据刘延锋等，2005）　　　（单位：mm）

月份	1月	2月	3月	4月	5月	6月	7月	8月	9月	10月	11月	12月
最大	16.6	6.3	21.4	23.7	57.1	66.7	55.5	76.9	45.6	36.4	5.9	5.7
最小	0.0	0.0	0.0	0.0	0.0	1.6	2.5	0.7	0.0	0.0	0.0	0.0
平均	1.5	1.1	1.9	4.9	14.9	21.6	25.4	21.9	10.8	3.4	0.9	0.8
比例（%）	1.38	1.05	1.73	4.5	13.66	19.78	23.25	20.04	9.92	3.13	0.79	0.76

表1-3　焉耆盆地历年各月蒸发量统计值（据刘延锋等，2005）　　　（单位：mm）

月份	1月	2月	3月	4月	5月	6月	7月	8月	9月	10月	11月	12月
最大	34.7	57.5	146.1	274.8	377.5	399.5	393.6	371.4	243.1	146.3	63.7	26.2
最小	9.8	26.8	76.2	174.0	216.4	216.7	182.3	167.6	139.3	62.1	16.0	7.0
平均	19.2	38.8	110.9	217.3	297.7	308.0	300.6	270.9	191.7	113.6	40.9	16.9
比例（%）	1.0	2.0	5.8	11.3	15.5	16.0	15.6	14.1	9.9	5.9	2.1	0.9

二、博斯腾湖水文地质特征

博斯腾湖位于新疆焉耆盆地东南面博湖县境内,是中国最大的内陆淡水吞吐湖。博斯腾湖介于东经 86° 40′—87° 25′,北纬 41° 56′—42° 14′,东西长 55km,南北宽 25km,水域面积 1646km² (2020 年),平均深度 9m,湖水最深 17m。博斯腾湖所在的焉耆盆地属南天山造山带中的山间断陷盆地,是塔里木古老地块的一个组成部分。距今 2.5Ma 左右的新近纪末开始的新构造运动,使该区发生大规模差异性升降,博斯腾湖南缘的老断裂和北缘的新断裂活动强烈,断裂之间的博斯腾湖地区开始强烈沉降,开都河长年源源不断地向博斯腾湖供水,博斯腾湖才得以真正形成。焉耆盆地地形总趋势北高南低,自山前向博斯腾湖依次为山前洪积冲积平原、开都河三角洲和博斯腾湖盆地。博斯腾湖南边和北边海拔较高,受湖泊水位变化影响较小,而西侧和东侧,对湖泊水位变化响应明显。也就是说博斯腾湖西侧和东侧地势平坦,更容易受到湖泊水位变化的影响,而南侧和北侧因为地势较高,受湖泊水位影响较小。

1. 水文特征

博斯腾湖是焉耆盆地大小河流的汇集地,盆地集水面积约为 $2.7 \times 10^4 \text{km}^2$,进入盆地的地表总径流量为 $40 \times 10^8 \text{m}^3$,由于流域自然地理条件的差异,从盆地四周进入的水量不同,84.7% 的水来自开都河,其余则来自天山南坡的乌拉斯台河、黄水沟、清水河、曲惠沟和乌什塔拉河等小河。焉耆盆地风力可达 8 级,风向为西北或西,由于博斯腾湖湖面宽阔,水深较大,波浪高度最高时超过 2m。波浪使湖水产生循环与紊动,对湖岸发生冲蚀与改造。

博斯腾湖属吞吐型湖泊,汇入湖泊的河流主要来自西北的开都河、乌拉斯台河等(图 1-4),多年平均入湖径流量为 $26.8 \times 10^8 \text{m}^3$。湖水经西南部的孔雀河排出,平均每年出流量为 $12.5 \times 10^8 \text{m}^3$,蓄水量 $99 \times 10^8 \text{m}^3$(黄小忠等,2008)。近 50 年来博斯腾湖水位经历了一个"V"形过程(图 1-5)。20 世纪 50 年代湖泊水位 1048m 左右,1986 年比最高水位的 1956 年下降 3.39m,为 50 年来的最低值(1044.81m),湖水面积缩小了近 130km²,湖水量减少了了近 $30 \times 10^8 \text{m}^3$(王亚俊等,2004)。

高鹏文等(2019)利用 2006—2016 年内的 5 期 Landsat 遥感数据影像来初步研究博斯腾湖湖岸线在时间和空间两个维度的变化特征以及博斯腾湖湖岸线的变化趋势,即提取这 5 期遥感数据中博斯腾湖的面积和周长,进而计算岸线发育系数、形状复杂程度和圆形度来表征岸线的变化特征。研究结果表明,博斯腾湖湖岸线呈阶段性的变化趋势,2006—2013 年博斯腾湖湖岸线的面积从 990.78km² 减少到 902.25km²,2013—2016 年博斯腾湖湖岸线面积从 902.25km² 增加到 963.48km²,湖岸线的面积呈现先减少后增加的过程;博斯腾湖湖岸线的周长也呈现阶段性变化,从 2006 年的 325.32km 减小到 2013 年 269.33km,而 2013—2016 年为增加趋势,从 2013 年 269.33km 增加到 2016 年的 331.93km。在空间上博斯腾湖的西北角湿地在 2006—2011 年向东南变化剧烈,2011—2016 年表现稳定,在博斯腾湖的南岸和东南角也出现了周期性的变化,湖岸线 2006—2013 年呈现向北部缩小的特征,2013—2016 年则向南变化,且变化幅度较大(表 1-4,图 1-6)。

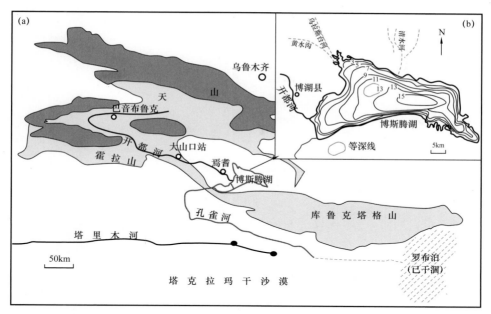

图 1-4　博斯腾湖流域水系（a）与湖泊等水深线（b）分布（据黄小忠等，2008）

湖泊等水深线单位为米

图 1-5　博斯腾湖水位变化图（据王亚俊等，2004）

表 1-4　2006—2016 年博斯腾湖岸线面积和周长变化表（据高鹏文等，2019）

岸线特征	2006—2013 年					2013—2016 年				
	2006.6	2013.8	变化差值	年变化速率	变化百分比（%）	2013.8	2016.9	变化差值	年变化速率	变化百分比（%）
周长（km）	325.32	269.33	−55.99	−7.99	−17.21	269.33	331.93	62.6	20.87	23.24
面积（km²）	990.78	902.25	−88.53	−12.65	−8.93	902.25	963.49	61.24	20.41	6.79

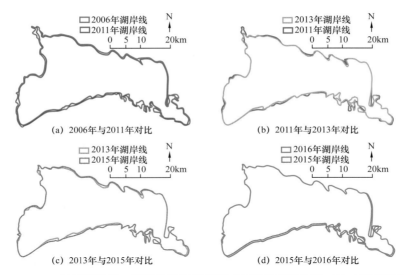

(a) 2006年与2011年对比   (b) 2011年与2013年对比

(c) 2013年与2015年对比   (d) 2015年与2016年对比

图 1-6　2006—2016 年博斯腾湖 5 期影像数据每相邻两年份湖岸线位置对比（据高鹏文等，2019）

2. 气候特征

通过对博斯腾湖区域自早全新世以来的古气候重建（图 1-7、图 1-8）认为，8500—8100aBP❶ 气候冷湿；从 8100—6400aBP，气温升高，湖泊扩张，气候暖湿，湖泊可能为最高湖面时期，而从 6400—5100aBP 湖泊水位稍微下降，气候变冷。在中全新世晚期从

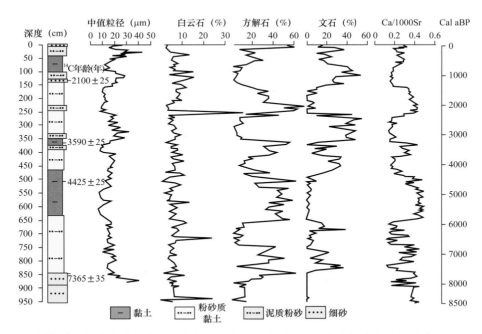

图 1-7　博湖岩心沉积物中值粒径、方解石、文石、白云石等百分含量变化（据张成君等，2007）

Cal aBP 表示校正年龄

---

❶　aBP 表示距今年份。

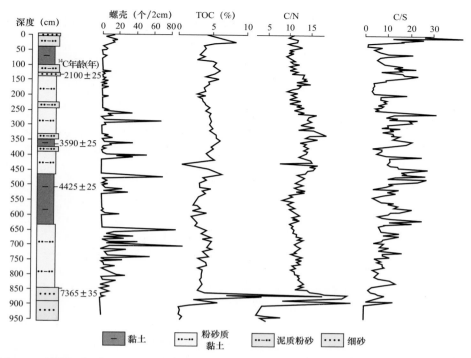

图 1-8　博湖沉积物中总有机质（TOC）百分含量、软体动物含量及有机质 C/N、C/S 比值
（据张成君等，2007）

5100—3100aBP 气候变得高温干旱，但期间的 4400—
3800aBP 有短暂的气候变冷，早期大量的冰雪融水补
给博斯腾湖，使得湖泊水位上升，湖泊的第二个高湖
面 期 是 5200—3800aBP。在 3100—2200aBP 气 候 冷
湿，由于蒸发减弱而湖泊有所扩张，湖泊在 3100—
2800aBP 期间是最后一次短暂的高湖面期。这次短期高
湖面后，湖泊由于较长时期的低温而引起的供水减少，
湖泊收缩。从 2200—1200aBP，气候变得干热，湖泊
收缩。尽管从 1200aBP 以来，温度有所下降，气候变
得暖干，湖泊又开始有所上升，但是没有达到博斯腾
湖出水口孔雀河的海拔高度（张成君等，2007）。

通过对博斯腾湖沉积物岩心样品进行 ^{137}Cs 和
^{14}C—AMS 测年等分析（图 1-9），认为博斯腾湖的
沉积速率相对稳定，平均沉积速率为（0.13±0.01）
g/（cm^2·a），与 ^{14}C 测年获得的中全新世以来的平均沉
积速率（0.13±0.03）cm/a 和（0.12±0.05）cm/a 相似
（表 1-5），表明博斯腾湖中全新世以来的沉积环境较
稳定（张成君等，2004）。

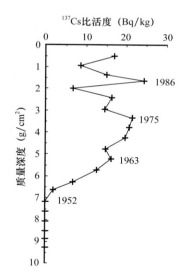

图 1-9　博斯腾湖岩心的 ^{137}Cs 蓄积峰
及时标关系（据张成君等，2004）

表 1-5　博斯腾湖 ^{14}C—AMS 年龄沉积速率（据张成君等，2004）

岩心 1			岩心 2		
深度（cm）	^{14}C 年龄（aBP）	沉积速率（cm/a）	深度（cm）	^{14}C 年龄（aBP）	沉积速率（cm/a）
			0	102 ± 24	
145	2099 ± 24	0.069	36	1205 ± 25	0.033
368	3590 ± 27	0.15	368	3865 ± 30	0.209
523.1	4426 ± 26	0.186	595	4950 ± 30	0.209
864.9	7364 ± 37	0.116	832	7368 ± 36	0.098
平均沉积速率（cm/a）		0.13 ± 0.03	平均沉积速率（cm/a）		0.12 ± 0.05

三、开都河水文地质特征

开都河是焉耆盆地中最大的河流，全长约 610km，流域面积 $2.2 \times 10^4 km^2$，总落差 1750m，多年平均径流量 $33.62 \times 10^8 m^3$。开都河发源于天山中部的依连哈比尔尕山和艾尔宾山，主源为扎格斯台河和哈尔尕提沟，源头海拔 4000m 以上，向西流经小尤尔都斯盆地，然后转折经过大尤尔都斯盆地，汇纳数十条溪沟，穿过峡谷地带，河流出大山口后，水势平缓，穿过焉耆平原，注入博斯腾湖，此段长 126km。开都河属于雪冰融水和雨水混合补给的河流，年内径流主要集中于 6—8 月，4—9 月为丰水季节，10 月至次年 3 月为枯水季（表 1-6）。开都河上游巴音布鲁克地区年降水量与大山口水文站（开都河出山口）年径流量存在较好的相关性，说明开都河洪水主要来自北部山区的降雨和夏季融雪性洪水（表 1-6，图 1-10）。

表 1-6　开都河历年各月平均径流量统计值（据刘延锋等，2005）　　　（单位：m^3/s）

月份	1 月	2 月	3 月	4 月	5 月	6 月	7 月	8 月	9 月	10 月	11 月	12 月
最大	78.0	65.4	65.9	131.0	159.0	337.0	356.0	380.0	175.0	123.0	93.6	73.4
最小	70.5	60.3	63.8	107.0	139.0	188.0	344.0	296.0	164.0	120.0	84.8	68.6
平均	74.3	62.9	64.9	119.0	149.0	262.5	350.0	338.0	169.5	121.5	89.2	71.0
比例（%）	3.72	3.18	3.68	8.05	11.12	14.25	16.44	14.64	9.15	6.81	4.93	4.03

四、黄水沟水文地质特征

黄水沟发源于中天山天格尔山南坡，为雨雪混合型季节性河流。在黄水沟水文站以上 24km 处，河流分为东、中、西 3 条支流。中支流乌拉斯台河发源于海拔 4477m 的冰达坂，河流由北向南至乌拉斯台村转向西南，沿途右岸布鲁斯台河，左岸哈龙沟、呼斯台河相继汇入，至巴伦台镇，右岸有发源于哈尔哈特达坂东侧的巴音郭勒河和发源于葛伦达坂的霍尔哈提郭勒河汇集而成的乃门乌苏河汇入。河流由此转向南流经 14km，左右岸分别接纳

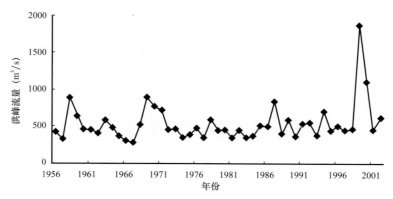

图 1-10　大山口水文站年最大洪峰流量（1956—2002 年）（据陶辉等，2007）

了东支流巴伦台郭勒河和西支流哈尔嘎特河，始称哈布其罕郭勒河，再流 23.5km 至出山口，山口以上河长 110km（冉新量等，2012）。

黄水沟由和静县城 218 国道黄水沟收费站向南流出山口，出山口以上流域面积 4311km²，自出山口发育单个辫状河道，向下游方向发生分汊形成辫状河道带，至冲积扇扇端，辫状河道带汇聚成低弯度单一径流河道，最终注入博斯腾湖。黄水沟多年平均径流量为 $2.93 \times 10^8 m^3$，11 月至次年 3 月流量为 $8.49 \sim 2.08 m^3/s$，期间径流量占年径流量的 20.3%。统计 1961—2013 年的黄水沟径流量变化，大致分为两个阶段：1961—1995 年，径流量总体偏少，属于枯水期；1996—2013 年，径流量总体偏多，属于丰水期，径流量变化大体呈现"V"形（图 1-11）。黄水沟山区 1961—1996 年多年平均温度为 6.16℃，1997—2013 年多年平均气温为 7.58℃。通过气候变化对黄水沟流域径流过程的影响分析认为，降水量对径流量的影响最大，温度影响较小，但二者均是影响径流量的主要因素。若降水量不变，温度增加 1℃ 时，黄水沟径流量将增加 12.8%；当温度不变，降水量增加 10% 时，径流量将增加 4.5%，这说明径流量对流域气温与降水量变化的响应均较为显著（魏光辉，2015）。

五、清水河水文地质特征

位于新疆巴州和硕县北部博斯腾湖北缘的清水河，发源于中天山支脉的天格尔山南坡，属于雨雪混合型补给河流，东与曲惠沟、西与黄水沟相邻，尾闾注入博斯腾湖，是焉耆盆地的主要河流之一。清水河长 95.2km，流域最高点海拔 4594.4m。海拔高于 1510m 的出山口以上区域，降水较多，水量丰沛，气候湿润。出山口以下降水量较少，气候干燥，其汛期在每年的 6—9 月，枯水期为 12 月至次年 5 月，多年年平均径流量为 $1.23 \times 10^8 m^3$。

清水河主要以冰雪融水和降水补给，另有少量地下水补给。径流量受夏季降水与气温影响，根据 50 年实测资料统计，多年平均径流量为 $1.231 \times 10^8 m^3$。最大年径流量为 $2.983 \times 10^8 m^3$（2002 年），最小年径流量为 $0.544 \times 10^8 m^3$（1985 年），最丰水年年径流量超过正常年径流量的一倍，最枯水年年径流量小于正常径流量的一半（表 1-7）（杨金明等，2010；周京武等，2014）。

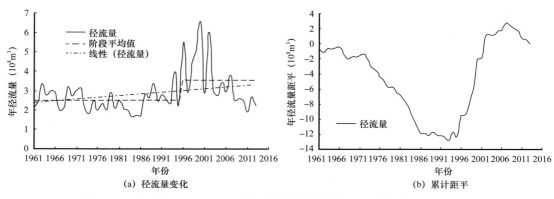

图 1-11 黄水沟 1961—2013 年径流量变化与累计距平（据魏光辉，2015）

表 1-7 清水河流域年代际月均径流量变化（据周京武等，2014） （单位：m³/s）

年份	1月	2月	3月	4月	5月	6月	7月	8月	9月	10月	11月	12月
1961—1970 年	1.64	1.6	1.48	1.38	1.64	4.63	7.58	8.04	4.02	2.99	2.36	1.84
1971—1980 年	1.68	1.51	1.39	1.31	1.42	4.01	7.97	7.46	4.92	3.14	2.49	1.92
1981—1990 年	1.59	1.47	1.32	1.22	1.65	5.5	8.83	6.77	4.7	2.87	2.28	1.78
1991—2000 年	2.14	1.86	1.73	1.6	1.88	7.07	16.89	12.08	7.36	4.65	3.6	2.9
2001—2010 年	2.37	2.06	1.9	1.74	1.73	5.61	12.98	10.64	6.81	4.78	3.71	2.94

六、茶汗通古河水文地质特征

茶汗通古河（乌什塔拉河）发源于哈依都他乌山系南麓冰川区，是以降水补给为主，冰川冰雪融化水补给为辅的山溪性河流。哈依都他乌山是流域内最高山峰，海拔 4199m。乌什塔拉河全长 80.0km，山口以上河长 50.0km，出山口以上集水面积 1017km²，河道平均坡降约 30‰。洪水从成因和发生时间上可以分为融雪型洪水、暴雨洪水和降雨、降雪混合型洪水。融雪型洪水多发生在 5—6 月，暴雨型洪水一般出现在 7—8 月，而降雨、融雪混合型洪水时有发生，一般多出现 6 月底至 7 月初（表 1-8）（薛刚，2011）。

表 1-8 茶汗通古河多年平均年径流量逐月分配表（据薛刚，2011） （单位：10⁸m³）

多年平均年径流量	月径流量											
	1月	2月	3月	4月	5月	6月	7月	8月	9月	10月	11月	12月
0.601	0.023	0.017	0.016	0.017	0.023	0.026	0.195	0.117	0.063	0.033	0.03	0.041
逐月分配比（%）	3.9	2.9	2.6	2.7	3.8	4.3	32.4	19.5	10.5	5.5	5.0	6.9

参 考 文 献

陈建军，刘池阳，姚亚明，等，2007.中生代焉耆盆地演化特征［J］.西北大学学报，37（2）：287-290.

高鹏文，李新国，阿里木江·卡斯木，2019.博斯腾湖湖岸线时空变化特征［J］.水资源与水工程学报，30（4）：98-104.

黄小忠，陈发虎，肖舜，等，2008.新疆博斯腾湖沉积物粒度的古环境意义初探［J］.湖泊科学，20（3）：291-297.

李安，杨晓平，黄伟亮，等，2012.焉耆盆地北缘和静逆断裂—褶皱带第四纪变形［J］.地震地质，34（2）：240-253.

林爱明，傅碧宏，狩野谦一，等，2003.焉耆盆地活动断层的晚第四纪右行走滑［J］.新疆地质，21（1）：103-115.

刘新月，2005.焉耆盆地构造变形与沉积—构造分区［J］.新疆石油地质，26（1）：50-53.

刘延锋，靳孟贵，曹英兰，2005.焉耆盆地水文特征分析［J］.中国科技论文在线，http：//www. paper. edu. cn/releasepaper/content/200512-188.

卢棚，张志诚，郭召杰，等，2008.新疆和静地区新生代原型盆地恢复及后期构造破坏［J］.地质通报，27（12）：2089-2096.

冉新量，谢源源，2012.黄水沟河与清水河枯水期下游河道水量损失分析［J］.黑龙江水利科技，40（3）：85-86.

陶辉，宋郁东，邹世平，2007.开都河天山出山径流量年际变化特征与洪水频率分析［J］.干旱区地理，30（1）：43-48.

王亚俊，李宇安，谭芫，2004.新疆博斯腾湖生态环境变迁分析［J］.干旱区资源与环境，18（2）：61-65.

魏光辉，2015.气候变化对新疆黄水沟流域径流过程的影响［J］.浙江水利水电学院学报，27（1）：46-57.

吴富强，刘家铎，吴梁宇，等，2000.焉耆盆地侏罗系碎屑化学成分与原盆地性质分析［J］.新疆石油地质，21（5）：391-393.

薛刚，2011.乌什塔拉河水文特性分析［J］.水利科技与经济，17（8）：17-19.

杨金明，秦军，秦莉，2010.50年来清水河流域径流变化趋势分析［J］.内蒙古水利，6：28-29.

袁正文，2003.焉耆盆地构造演化分析［J］.江汉石油学院学报，25（4）：33-35.

张成君，曹洁，类延斌，等，2004.中国新疆博斯腾湖全新世沉积环境年代学特征［J］.沉积学报，22（3）：494-499.

张成君，郑绵平，Prokopenko A，等，2007.博斯腾湖碳酸盐和同位素组成的全新世古环境演变高分辨记录及与冰川活动的响应［J］.地质学报，81（12）：1658-1671.

赵追，王继英，古哲，等，2001.新疆焉耆盆地石油地质特征及成藏模式［J］.西北地质，34（3）：47-53.

周京武，阿不力米提·阿不力克木，毛炜峄，等，2014.天山南坡清水河流域径流过程对气候变化的响应［J］.冰川冻土，36（3）：685-690.

第二章　博斯腾湖西北缘黄水沟
冲积扇沉积体系

冲积扇沉积体系的研究一直是众多石油地质学者关注的热点（程立华等，2006；莫多闻等，1999；王勇等，2007）。随着研究思路和方法的进步，在冲积扇沉积特征、沉积过程、控制沉积构型的因素与作用机理、沉积构型模式等方面取得了很大的进展（李新坡等，2006；吴胜和等，2016）。近年来，由 Weissmann 等（2010）首次提出并使用了一个新的河流沉积学术语，分支河流体系（distributive fluvial system，DFS）。分支河流体系DFS 通常指冲积体系内的山麓冲积扇、巨型扇等的地貌特征。目前，对于分支河流体系的研究主要集中在 DFS 的规模、气候特征、分类等方面（Davidson 等，2013；Weissmann 等，2013；Trendell 等，2013；Fontana 等，2014；Hartly 等，2016）。博斯腾湖西北缘发育多个冲积扇群，特别是黄水沟冲积扇由水系与构造复合作用双重控制，其展布特征及成因机制与前人的认识有较大差异。同时，前人研究认为在干旱—半干旱气候条件下，季节性河流携带砂砾质可形成大面积砂砾岩体（高志勇等，2014，2015；谭程鹏等，2018），但更靠近物源区，与季节性河流紧密关联的冲积扇的沉积演化特征研究仍需加强。本章通过对黄水沟冲积扇沉积演化特征与成因机制分析，建立了水系与构造复合作用下冲积扇的沉积演化新模式，为前陆冲断带砂砾质大面积分布的成因机理提供有益借鉴。

第一节　黄水沟冲积扇的沉积特征

在黄水沟冲积扇体内部东侧，发育一条主要活动水系，如图 2-1 所示，黄水沟现今活动水系控制的冲积扇自物源区至扇端共设置了 8 个解剖点，解剖点 1 为黄水沟的山间河段，属物源区；解剖点 2—解剖点 3 为冲积扇根沉积；解剖点 4—解剖点 7 为冲积扇中沉积；解剖点 8 属冲积扇端沉积。

一、物源区—扇端沉积变化

在物源区的山间河段，解剖点 1（图 2-2a）位于黄水沟出山口上游 10km，海拔1410m。山间河谷宽 300～400m，最窄处宽约 200m，河道水面宽 30m 左右。山间河内坝体有孤立坝，长 260m，宽 60m；侧积坝长 330m，宽 80m 左右，局部可见辫状坝，长350m，宽 110m 左右。山间河水动力强，沉积大量砾石，大小不一，磨圆较好。较大砾石直径普遍可达 70～80cm，主要为 2.08～46.10cm（表 2-1），成分复杂，包括混合岩、混合花岗岩、砾岩等。

冲积扇根是由出山口至开始发育分支河道结束，扇根距物源区近，沉积物较下游粒径更大，河道内砂砾质发育（张继易，1985）。解剖点 2 位于出山口处的辫状河沉积，海拔

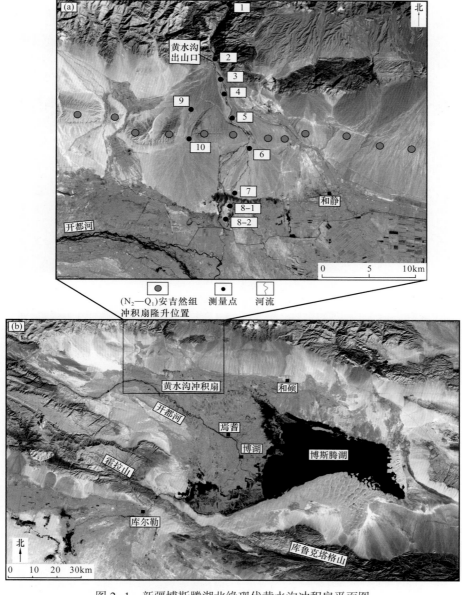

图 2-1 新疆博斯腾湖北缘现代黄水沟冲积扇平面图

（a）黄水沟冲积扇的区域放大图；（b）博斯腾湖及其周缘沉积体系平面分布图

1321m，河谷宽 200m 左右，河道宽约 180m，发育辫状坝。辫状河道内主要为砾石沉积，呈次棱角—次圆状，磨圆较好（图 2-2b、c），砾石直径为 2.60～34.47cm。成分有花岗岩、花岗片麻岩、变质石英岩、变质岩及石灰岩等（表 2-1）。距解剖点 2 约 200m 处，出露厚度约 3m 的辫状河河道沉积（图 2-3），该剖面显示两期辫状河道，早期为砾石—砂质的正粒序，主体以反映牵引流特征的砂砾质沉积为主，显示前积特征，水流方向由右向左。在前积层序前部，局部发育重力流的垮塌沉积，砾石长轴方向杂乱，无定向性。晚期辫状河道以正韵律沉积为主，底部砾石长轴显定向性，长轴倾向于由右向左的来水方向。辫状河道内砾石长轴定向排列，呈次棱角—次圆状，属牵引流沉积产物，砾质上部为砂质沉积

图 2-2　黄水沟冲积扇的扇根—扇中—扇端的沉积演化特征

（a）点 1，山间河砂砾质沉积；（b）点 2，扇根河道内砾石沉积为主，水动力较强；（c）点 2，辫状河道内砾石倾向上
　　游堆积；（d）点 4，扇中辫状河道内砂砾质沉积；（e）点 4，辫状河道内砾石大，磨圆较好；（f）点 5，现今辫状河道
　　切割早期安吉然组，弱固结成岩的冲积扇；（g）点 6，辫状河道切割砾质坝；（h）点 7，辫状河道内砾石直径变小，砂
　　质沉积物增多；（i）点 8，扇端辫状河道汇聚成单一径流河道，下切早期沉积物；（j）点 8，单一径流河道的砾质—砂
　　　　　　　　　　　　　　质—泥质粉砂的正韵律沉积

（图 2-3）。解剖点 3 位于出山口南 1km，海拔 1305m。河道宽 50m，河道间发育心滩，水流浅且急，河道内沉积大量砾石，河道内砾石直径为 1.44～31.89cm。

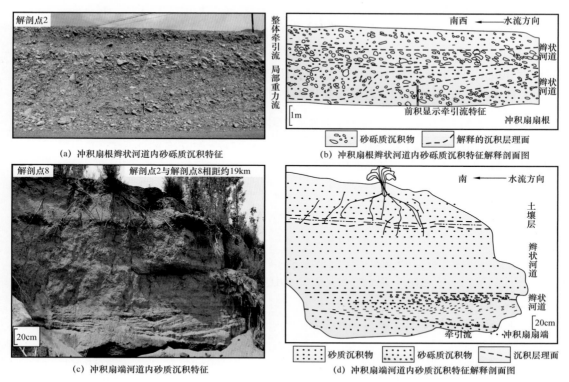

（a）冲积扇扇根辫状河道内砂砾质沉积特征　　（b）冲积扇扇根辫状河道内砂砾质沉积特征解释剖面图

（c）冲积扇扇端河道内砂质沉积特征　　（d）冲积扇扇端河道内砂质沉积特征解释剖面图

图 2-3　黄水沟冲积扇扇根—扇端砂砾质沉积剖面特征（据高志勇等，2019，修改）

冲积扇扇中沉积区自开始发育辫状分流河道至下游的辫状河道带开始汇聚成单一低弯度径流河道结束，扇中辫状河道不断摆动，形成大型复合辫状河道带，不同的辫流水道带活动时期不同。扇中较扇根的沉积物粒径减小，河道内砂质沉积增多，分流河道普遍发育，为高能水道（吴崇筠等，1992；Marzo 等，1993）。

解剖点 4 位于和静收费站南公园的南侧，海拔 1247m，河道分汊增多，被辫状坝分隔（图 2-2d），辫状河道带宽 300～1000m，辫状坝长 180～690m，宽 50～130m（图 2-2e），河道水面宽 10m 左右。辫状河道内以砾石沉积为主，砾石最大扁平面倾向于河道上游来水方向排列，砾石直径为 1.66～31.28cm，成分有混合岩、混合花岗岩、花岗岩、砂岩等（表 2-1）。

解剖点 5 位于黄水沟铁道桥南，即早期（N_2—Q_1）沉积的安吉然组（卢鹏等，2008）巨厚冲积扇隆升并被水道切割的夹持处，海拔 1224m，安吉然组冲积扇隆升高度可达 50m，被辫状河道切割（图 2-2f），此处河谷宽 860m，辫状河道带宽 500m 左右，河道内孤立坝长 100m，宽 30m，河道水面宽 30m。辫状河道内砾石沉积，河道间有砂质沉积，见平行层理及泥裂。砾石直径为 1.96～27.04cm，成分有花岗岩、混合岩、混合花岗岩、石英岩等。

解剖点 6 位于夹持处南部，海拔 1178m，辫状河道带宽 550m，逐渐增大到 1440m，再向南可宽至 3700m，河道水面宽 20m。大量的辫状河道分汊并形成冲沟，河道内的砾石直径较大，向河道两侧砾石直径变小。冲沟内水变深，砾石最大扁平面倾向于上游来水方向（图 2-2g）。辫状分流河道方向与主水道方向不一致，但砾石最大扁平面的倾向一直受控于上游来水方向。该点的砾石直径为 2.32～31.15cm，成分有花岗岩、混合岩、混合花岗岩、石英岩等。

解剖点 7 位于 X279 县道桥南，海拔 1097m，辫状河道带宽达 3800m 左右，此处辫状河道宽 300m，河道水面宽 10m 左右。河道内砾石直径减小至 1.43～16.24cm，成分有花岗岩、混合岩、混合花岗岩、石英岩等（表 2-1）。

表 2-1 黄水沟冲积扇砾石成分、砾石直径及搬运距离关系数据表（据高志勇等，2019，修改）

沉积相	剖面位置	主要砾石成分	其他砾石成分	砾石直径范围/平均值（cm）	砾石最大扁平面倾向/倾角	累计搬运距离（km）	坡降梯度	沉积表面坡度
物源区山间河	黄水沟收费站进山 10km（点 1）	混合岩砾石	混合花岗岩、花岗岩、砾岩、砂岩	2.08～46.10/15.63	273°/34°	0	起点	起点
冲积扇根辫状河道	和静黄水沟出山口（点 2）	混合岩砾石	细砂岩、脉石英、花岗岩、凝灰岩	2.60～34.47/11.04	336°/21°	11	0.0101598	0.58°
	黄水沟出山口南 1km（点 3）	混合岩砾石	混合花岗岩、花岗岩、砂岩砾石	1.44～31.89	—	12	—	—
冲积扇中辫状河道	和静收费站公园南侧（点 4）	混合岩砾石	细砂岩、脉石英、花岗岩、凝灰岩	1.66～31.28/7.54	306°/47°	15.4	0.013005	0.75°
	安吉然组冲积扇被切割的夹持处（点 5）	混合岩砾石	混合花岗岩、花岗岩、砂岩	1.96～27.04/7.85	304°/32°	18.9	0.010748	0.62°
	夹持处南部（点 6）	混合岩砾石	混合花岗岩、花岗岩、脉石英、砂岩	2.32～31.15/8.18	311°/46°279°/31°	22.6	0.0132184	0.76°
	X279 县道桥南（点 7）	混合岩砾石	混合花岗岩、花岗岩、脉石英、砂岩	1.43～16.24/5.47	330°/31°	27.9	0.012741	0.73°
冲积扇中—扇端	额勒再特乌鲁乡东南红柳林（点 8-1）	混合岩砾石	细砂岩、脉石英、花岗岩、凝灰岩	1.30～9.16/5.48	—	28.8	0.007306	0.64°
	额勒再特乌鲁乡东南（点 8-2）	混合岩砾石	细砂岩、脉石英、花岗岩、凝灰岩	2.62～9.54/4.84	—	—	—	—

冲积扇的扇端始自辫状河道带开始汇聚成单一低弯度径流河道，至黄水沟下游季节性河流沉积区。该区域为低能水道发育区，是整个冲积扇体系中搬运能力较弱的区域（吴崇筠等，1992；Marzo 等，1993）。解剖点 8（点 8-1、点 8-2）位于冲积扇扇端的红柳林及

低弯度单一径流河道内，海拔1102～1085m。扇中的辫状河道复合带宽1.4km左右，向扇端变窄，过渡至470m宽，直至变为单一径流河道，宽约260m。单一径流河道下切较深，河道内砾石与砂质沉积，植被较发育。砾石直径变小至1.30～9.16cm（图2-2i、j）。如图2-3所示，冲积扇端单一径流河道显示多期正韵律沉积，发育砾质—砂质、砾质—砂质—泥质及土壤沉积，砂质内发育槽状交错层理、平行层理。土壤显褐色、黄褐色，有植物根须、虫孔发育。

黄水沟冲积扇自物源区的山间河段—扇端的低弯度单一径流河道内普遍发育砾石沉积，通过分析冲积扇辫状河道内砾石成分、砾石直径变化，并在各解剖点测量超过100个砾石，计算砾石的球度、扁度及平均砾石直径，并与沉积搬运距离进行对比（表2-1），认为平均砾石直径由黄水沟收费站北10km山间河段的15.63cm，降低至冲积扇端的5.48cm，沉积搬运距离为28.8km，砾石直径减少了65%左右，并向下游逐步演化为以砂质沉积为主。对表2-1中砾石直径变化值与沉积搬运距离进行了数据拟合，建立了黄水沟冲积扇的二者关系式：

$$S=-25.52\ln D+71.747 \tag{2-1}$$

式中，S为砾石沉积搬运距离，km；D为平均砾石直径，cm；系数 -25.52 反映了砾石直径纵向变化的速率，S与D呈负相关关系，式（2-1）为定量分析冲积扇辫状河道内砾石沉积变化提供了重要参数（图2-4a）。

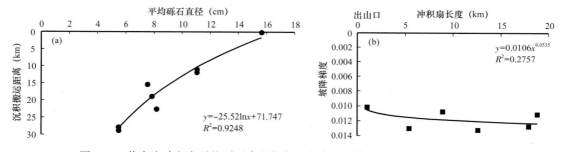

图2-4　黄水沟冲积扇平均砾石直径与搬运距离、坡降梯度与扇体长度关系图

二、冲积扇表面坡降梯度

对黄水沟冲积扇表面多个解剖点的海拔高度，及以前一解剖点为基准的直线距离进行了测量（图2-1），计算了黄水沟冲积扇体表面坡降梯度（gradient），即冲积扇表面每延伸1km所降低的高度差（Cornel Olariu等，2006）。依据此坡降梯度值（表2-2），编制了其与沉积搬运距离关系图（图2-4b）。由图2-4b及表2-2可知，由物源区的山间河段（点1）—出山口（点2）—出山口下游5.7km和静公园南侧（点4）—安吉然组冲积扇夹持处（点5）—夹持处南部（点6）—X279县道桥南（点7）—额勒再特乌鲁乡东南红柳林（点8-1），坡降梯度值分别为：0.0101598—0.013005—0.010748—0.0132184—0.012741—0.011111，计算的沉积体表面坡度分别为：0.58°—0.75°—0.62°—0.76°—0.73°—0.64°，表明黄水沟冲积扇从物源区的山间河段—冲积扇端，沉积坡度变化具有阶段性：（1）自解剖点1的山间河段—出山口的沉积坡度变化为0.58°，单一辫状河道的河谷宽度变小，由山间河河谷宽300～400m，降低至宽200m；（2）由出山口至其下游5.7km和静

公园南侧，沉积坡度增大至 0.75°，由单一辫状河道变化为复合辫状河道带，河谷变宽，平均砾石直径降低了 3.5cm；（3）由和静公园南侧至安吉然组冲积扇的夹持处，沉积坡度降低至 0.62°，河道类型未变，仍为复合辫状河道带，但受两侧隆升地形夹持影响，辫状河道带宽度变小，平均砾石直径几乎无变化；（4）由安吉然组冲积扇的夹持处至其南部，沉积坡度增大至 0.76°，宽 500m 的辫状河道带增大至宽 550m→1440m→3700m；平均砾石直径不降反而有增加（表 2-2），推测可能是早期沉积的安吉然组冲积扇中的砾岩固结弱，砾石遭受冲刷侵蚀二次搬运沉积所造成（图 2-2f）；（5）由夹持处南部至县道 X279 道桥南，沉积坡度降低至 0.73°，辫状河道带宽 3800m，宽度变化不大，但平均砾石直径降低了 2.71cm；（6）由县道 X279 道桥南至额勒再特乌鲁乡东南红柳林，沉积坡度降低至 0.64°，辫状河道带由宽 1.4km 变窄至 470m，直至变为单一径流河道，宽只有 260m，平均砾石直径降低了 0.63cm。由上述分析可知，沉积坡度的突然变大，会引起河道类型、河道宽度的变化，以及砾质沉积物粒径的变化。

表 2-2　博斯腾湖北缘黄水沟冲积扇表面沉积坡降梯度

剖面点	收费站进山 10km（点1）	黄水沟收费站（点2）	和静收费站公园南侧（点4）	安吉然组冲积扇的夹持处（点5）	夹持处南侧（点6）	X279县道桥南（点7）	额勒再特乌鲁乡东南红柳林（点8-1）
直线距离（m）	0	8760	5690	2140	3480	5180	900
海拔及高差（m）	1410	1321/89	1247/74	1224/23	1178/46	1112/66	1102/10
三角函数计算的坡降梯度	—	$\sin\alpha=89/8760$ $=0.0101598$	$\sin\alpha=74/5690$ $=0.013005$	$\sin\alpha=23/2140$ $=0.010748$	$\sin\alpha=46/3480$ $=0.0132184$	$\sin\alpha=66/5180$ $=0.012741$	$\sin\alpha=10/900$ $=0.011111$
沉积坡度	—	$\alpha\approx0.58°$	$\alpha\approx0.75°$	$\alpha\approx0.62°$	$\alpha\approx0.76°$	$\alpha\approx0.73°$	$\alpha\approx0.64°$
河道类型与特征	山间河，河谷宽 300～400m	单一辫状河道，河谷宽 200m	复合辫状河道带，河道带宽 300～1000m	河谷宽 860m，辫状河道宽 500m	辫状河道带宽 550m，增大到 1440m，可宽至 3700m	辫状河道带宽 3800m，辫状河道宽 300m	复合辫状河道带宽 1.4km，变窄至 470m，直至变为单一径流河道，宽 260m
平均砾石直径变化（cm）	—	11.04	11.04～7.54（变化值 3.5）	7.54～7.85（变化小）	7.85～8.18（变化小、有增加）	8.18～5.47（变化值 2.71）	5.47～4.84（变化值 0.63）

第二节 沉积物组分、重矿物组合与粒度特征

一、沉积物组分与重矿物特征

对黄水沟冲积扇的砂质沉积物碎屑组分和重矿物组分进行了测试分析,依据《沉积岩中黏土矿物和常见非黏土矿物X射线衍射分析方法》(SY/T 5163—2010),分析其砂质碎屑主组分;依据《沉积岩重矿物分离与鉴定方法》(SY/T 6336—2019),分析砂质沉积物中的重矿物种类、主要重矿物组合类型。

黄水沟冲积扇各区带的砂质碎屑组分种类与含量分析结果表明(图2-5),主要组分为石英、钾长石、斜长石、方解石、白云石、角闪石、黏土矿物等。自黄水沟冲积扇出山口至冲积扇端,石英、长石和黏土矿物含量最多。石英含量最高可达47.2%,最低值为24.9%,多集中在35%左右,且石英含量逐渐增高;长石(钾长石+斜长石)最高值为46.6%,最低值为22.2%,多集中在30%左右,以斜长石为主,长石总含量逐渐降低。石英碎屑抗风化能力强,是最稳定的组分。长石碎屑抗风化能力较弱并容易发生风化,稳定性较差,故向下游呈逐渐降低趋势;黏土矿物最高值为17.2%,最低值为7.8%,表明水动力的分选作用不大。另外,方解石、白云石、角闪石含量相对较少,并且自冲积扇出山口至扇端无明显变化规律。矿物分析结果表明,黄水沟冲积扇自出山口至扇端碎屑组分在沉积搬运29km过程中,矿物成分成熟度稍有增加,但由于搬运距离较短,分异度不高(石雨昕等,2019)。

黄水沟冲积扇沉积物中的重矿物有16种,分别是锆石、电气石、金红石、白钛石、锐钛矿、榍石、石榴石、钛铁矿、绿帘石、磁铁矿、赤褐铁矿、萤石、角闪石、透闪石、辉石、磷灰石。个别样品中还出现极低含量的黄铁矿、蓝晶石、黑云母、方铅矿、刚玉等矿物。总体来看,黄水沟冲积扇主要重矿物为角闪石(平均含量44.60%)、绿帘石(平均含量12.13%)、辉石(平均含量8.65%);赤褐铁矿、钛铁矿、磁铁矿次之(平均含量分别为7.50%、5.20%和4.85%);锆石、电气石、金红石、磷灰石、锐钛矿、榍石、石榴石、透闪石、萤石含量最低。黄水沟冲积扇的重矿物以不稳定的角闪石、辉石,次稳定的绿帘石、赤褐铁矿为主要矿物(图2-6)(石雨昕等,2019)。

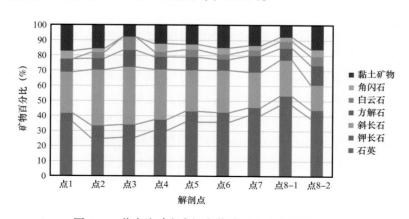

图2-5 黄水沟冲积扇沉积物碎屑组分含量变化

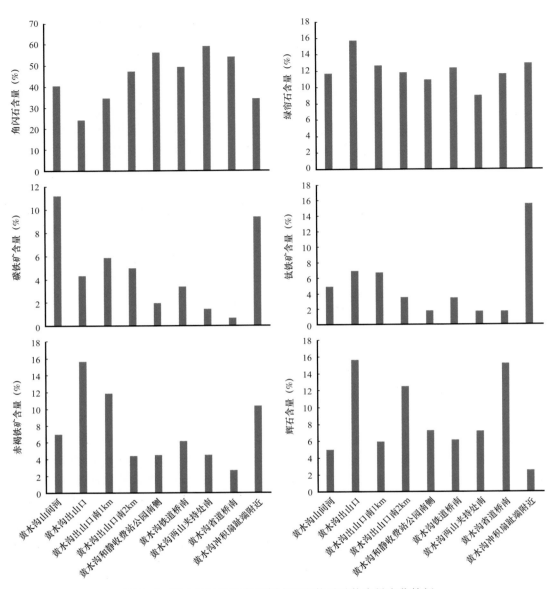

图 2-6 黄水沟冲积扇各解剖点沉积物重矿物含量变化特征

二、沉积物粒度特征

针对黄水沟冲积扇和临近的马兰红山（茶汗通古河）扇三角洲的砂砾质沉积物进行粒度分析，砂砾质粒级范围 0.0357～5mm（4.81ϕ～2.32ϕ）。粒度分析在华东师范大学河口海岸学国家重点实验室完成，依据图像法粒度仪国际标准 ISO 13322—2：2006，采用 Retsch Technology 公司生产的 Camsizer x2 图像法粒度型分析仪进行分析，测量范围 0.8～8000μm。通过对冲积扇不同解剖点沉积物样品粒度分析后，认为其粒度参数及概率累计曲线具有显著特征（表 2-3、表 2-4），并建立了相应的概率累计曲线特征图版（图 2-7，图 2-8）。

表 2-3　黄水沟冲积扇与马兰红山扇三角洲沉积物粒度分析数据

采样地点	沉积环境	分选系数	分选性	偏度 S_k	偏态	峰度 K_g	峰态	平均粒径 (ϕ)
马兰红山扇三角洲								
马兰红山上游山间河	山间河河道	1.564	较差	0.931	极正偏	2.027	很尖锐	1.885
出山口石桥	扇三角洲平原中部分流河道	0.979	中等	0.781	极正偏	1.338	尖锐	1.723
金沙滩东	扇三角洲平原前端—湖区过渡段	0.778	中等	0.278	正偏	1.156	尖锐	2.935
金沙滩东沙丘	扇三角洲平原前端风成沙丘	0.436	好	0.433	极正偏	0.874	平坦	2.178
黄水沟冲积扇								
黄水沟收费站冲积扇扇根	辫状河道	0.965	中等	0.648	极正偏	1.313	尖锐	2.169
西南两山夹持处冲积扇扇中	辫状河道	1.211	较差	0.94	极正偏	1.77	很尖锐	1.206
俄勒再特乡东8km冲积扇扇端	辫状河道	0.715	中等	0.48	极正偏	1.095	尖锐	2.906

表 2-4　黄水沟冲积扇与马兰红山扇三角洲沉积物粒度概率累计曲线

采样点	相类型	曲线类型	滚动组分（％）	跳跃组分（％）	悬浮组分（％）	粗截点（ϕ）	细截点（ϕ）
马兰红山扇三角洲							
马兰红山上游山间河	山间河河道	三段式	6	84	10	−0.7	3.1
出山口石桥	扇三角洲平原中部分流河道	三段式	1	89	10	−0.5	2.7
金沙滩东	扇三角洲平原前端—湖区过渡段	四段式	0.2	91.8	8	0.5	3
金沙滩东沙丘	扇三角洲平原前端风成沙丘	三段式	0.5	99	0.5	1	2.7
黄水沟冲积扇							
和静黄水沟收费站冲积扇扇根	辫状河道	一段式	0	0	100	—	—
西南两山夹持处冲积扇扇中	辫状河道	三段式	12	70	18	0.2	2.2
俄勒再特乡东8km冲积扇扇端	辫状河道	三段式	3	87	10	1	3.1

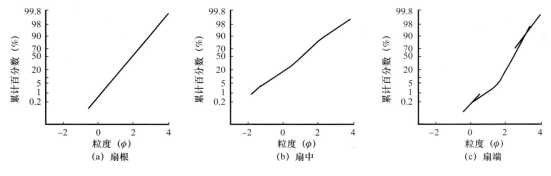

图 2-7　黄水沟冲积扇辫状河道不同类型概率累计曲线

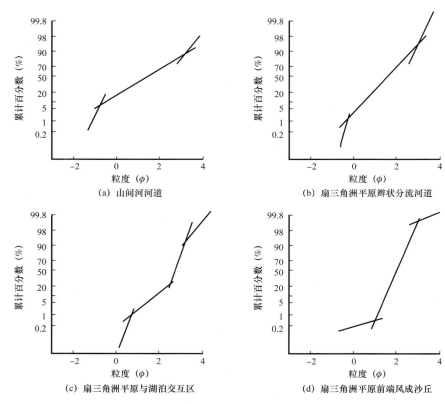

图 2-8　马兰红山扇三角洲不同沉积区概率累计曲线

1. 黄水沟冲积扇

由图 2-7 黄水沟冲积扇扇根—扇中—扇端辫状河道粒度概率累计曲线特征可知，分选系数总体范围为 0.71～1.21，分选较差—中等，分选系数均值 0.96；偏度 S_k 总体范围为 0.48～0.94，偏度 S_k 均值 0.6，极正偏态；峰态 K_g 总体范围在 1.09～1.32 之间，峰度为尖锐、很尖锐，能量较强；平均粒径总体范围在 1.2ϕ～2.9ϕ 之间，分布范围较广，平均粒径的均值为 2.09ϕ。概率累计曲线一段式或三段式，一段式全为悬浮总体；三段式，滚动组分含量 3%～12%，跳跃组分含量 70%～87%，分选一般—较好，可能是后期辫状河改造导致，悬浮组分 10%～18%；粗截点范围 0.2ϕ～1ϕ，细截点 2.2ϕ～3.1ϕ；粒径分布范围 -2ϕ～4ϕ。

2. 马兰红山扇三角洲

山间河河道：分选系数 1.56，分选较差；S_k 值 0.93，极正偏态；K_g 值 2.03，很尖锐峰态；平均粒径 1.89ϕ。概率累计曲线呈三段式，滚动组分含量 6%，跳跃组分含量 84%，分选偏差，悬浮组分 10%；粗截点 -0.7ϕ，细截点 3.1ϕ；粒径分布范围 -1.2ϕ～4ϕ。

扇三角洲平原辫状分流河道：分选系数 0.98，分选中等；S_k 值 0.78，极正偏态；K_g 值 1.34，尖锐峰态；平均粒径 1.72ϕ。概率累计曲线呈三段式，滚动组分含量 1%，跳跃组分含量 89%，分选一般，悬浮组分含量 10%；粗截点 -0.5ϕ，细截点 2.7ϕ；粒径分布范围 -0.7ϕ～4ϕ。

扇三角洲平原与湖泊交互区湖滩：分选系数 0.78，分选中等；S_k 值 0.28，正偏态；K_g 值 1.16，尖锐峰态；平均粒径 2.94ϕ。与博湖南岸湖滩粒度参数相差不大。概率累计曲线呈四段式，其中跳跃总体又分为两段，滚动组分仅有 0.2%，跳跃组分含量 91.8%，悬浮组分含量 8%；粗截点 0.5ϕ，细截点 3ϕ；粒径分布范围 0～4ϕ。

扇三角洲平原前端风成沙丘：分选系数 0.44，分选好；S_k 值 0.43，极正偏态；K_g 值 0.87，平坦峰态；平均粒径 2.18ϕ，与博湖南岸风成沙丘各粒度参数相差不大。概率累计呈曲线三段式，滚动组分含量 0.5%，分选极差，跳跃组分含量 99%，分选极好，悬浮组分含量 0.5%；粗截点 1ϕ，细截点 2.7ϕ；粒径分布范围 -0.9ϕ～4ϕ。

对比黄水沟冲积扇与临近的马兰红山扇三角洲辫状河道沉积环境，可以看出黄水沟冲积扇悬浮组分高于马兰红山，黏土矿物含量亦高于马兰红山，且平均粒径与分选系数黄水沟分布更宽泛，说明黄水沟辫状河流对前期冲积物的改造比马兰红山河流对前期沉积物的改造要差。但黄水沟较高的滚动组分含量与较小的粒径最小值，则表明了黄水沟河流的初始水动力条件强于马兰红山扇三角洲。

第三节　黄水沟冲积扇沉积控制因素与模式

构造作用、气候、物源供给、水系等多种因素对冲积扇发育特征的控制作用强烈（里丁，1986；Marzo 等，1993；吴崇筠等，1992；张继易，1985；于兴河，2008；冯增昭，2013；余宽宏等，2015；印森林等，2017），构造运动形成的地形高差为山区沉积物随河流在出山口迅速卸载堆积提供了必要的条件（Clarke 等，1999；Colombo 等，2000）。王萍等（2004）认为，甘肃疏勒河巨型冲积扇的沉积演化对区域构造活动有重要响应，阿尔金断裂的左旋走滑兼逆冲运动控制了扇体横向迁移的堆积与展布范围；祁连山隆升与扩展导致了冲积扇呈现向下游超覆沉积的特征；史兴民等（2008）研究了天山北麓玛纳斯河流域的呈串珠状发育的多期冲积扇，其形成过程及时间与山前依次出现的 3 排褶皱带密切相关；南峰等（2005）分析北天山前奎屯河流域冲积扇的形态与演化，认为受抬升作用影响的 4 排褶皱，控制了奎屯河出山口由南向北依次形成的 4 期冲积扇（高志勇等，2019）。

气候条件控制了冲积扇的沉积物供应，以及冲积扇体积、水道系统等方面的特征

（Salcher 等，2010；Hartley 等，2010；Weissmann 等，2011；Davidson 等，2013），水系的发育程度直接控制了冲积扇的规模（Hartley 等，2010，Weissmann 等，2011；Davidson 等，2013），根据冲积扇体表面发育的水系形态，可分为辫状河型冲积扇、低弯度曲流河扇等多种类型（Hartley 等，2010；Weissmann 等，2011；Davidson 等，2013；Stanistreet 等，1993）。刘大卫等（2018）认为，准噶尔盆地西北缘白杨河冲积扇属于砾质辫状河型冲积扇，干旱—半干旱的气候背景下，大规模的物源供给可形成规模巨大的河流型冲积扇，具有规模大、坡度平缓（1‰~7‰）、沉积粒度粗等特征；余宽宏等（2015）通过准噶尔盆地南缘白杨河及玛纳斯河现代辫状河洪积扇的研究，认为此类洪积扇以活动的辫流带和洪水期才发生沉积的漫洪带为特征。扇面上不能全区同时发生沉积，而是选择扇面低势能区发生沉积（高志勇等，2019）。

一、构造控制的冲积扇沉积演化分析

黄水沟冲积扇物源区为南天山褶皱带，自山口砂砾质散开形成的冲积扇主体位于南天山褶皱带的和静北盆地（图 2-1）。上新世—早更新世，焉耆盆地北部受天山南缘中泥盆统逆冲抬升的影响，形成了范围较大的原型盆地，沉积了安吉然组 $[(N_2—Q_1) a]$，其下发育有元古宇变质基底、上古生界中泥盆统和渐新统—中新统玛萨盖特组 $[(E_3—N_1) m]$。持续的逆冲作用，使该区原型盆地受到破坏，形成了前展式逆冲叠瓦构造（卢鹏等，2008），盆地南部新生代地层发育一排褶皱，该排褶皱为在山前带分布的冲积扇中间那一条走向近东西、长数十公里的褐色条带（图 2-1），显示褶皱带的纹理比其他部分变粗，这是因冲积扇下有活动背斜正在隆起，造成该段冲积物抬升后遭受剥蚀，冲沟切割加深，与其他正在接受沉积的部分在卫星图像上形成了明显的差异（郭建明等，2003）。

前已述及，这一排断层相关褶皱由安吉然组冲积扇构成，延伸几十千米，褶皱南陡北缓，地表高差 100m，正遭受侵蚀作用，而且两翼发育生长地层。安吉然组 $[(N_2—Q_1) a]$ 冲积扇岩性主要为灰色砾岩夹砂岩透镜体，基本上已固结—弱固结成岩（图 2-1 中解剖点9 和解剖点10，图 2-9、图 2-10），厚约 800m，层理清楚，与下伏地层整合接触（卢鹏等，2008）。

南天山褶皱带及其南部隆升分布的这一排褶皱带，控制了黄水沟冲积扇的平面展布特征。如图 2-1（a）所示，在现今黄水沟冲积扇沉积早期，黄水沟自出山口携带大量砂砾质在山前散开并形成冲积扇。早期的黄水沟活动水系主要分布在西侧，如解剖点9—解剖点10 一线。由于南部隆升的这一排褶皱带附近地势较高，沉积底形的变化阻止了黄水沟冲积扇的进一步向南延伸，进而使黄水沟早期活动水系携带的砂砾质主要堆积在褶皱带北部（图 2-1a）。之后，随着黄水沟早期活动水系对褶皱带的不断下切侵蚀，沉积地形坡度增加，如安吉然组冲积扇夹持处至夹持处南部沉积坡度增大至 0.76°，携带砂砾质的辫状河道变窄（图 2-10a、b），进而增大了流水动力，黄水沟所携带的砂砾质不断越过褶皱带向南延伸，形成晚期的、现今所看到的冲积扇（图 2-1a）。由此表明，和静北盆地南部的与南天山走向平行延伸数十公里的褶皱带，就像在山前分布的次级台阶一般，增加了沉积区的古地形坡度，使南天山前由北向南分布多级次的冲积扇体（高志勇等，2019）。

再者，如图 2-9、图 2-10 所示，在解剖点9 与解剖点10 皆能看到大量的早期沉积的

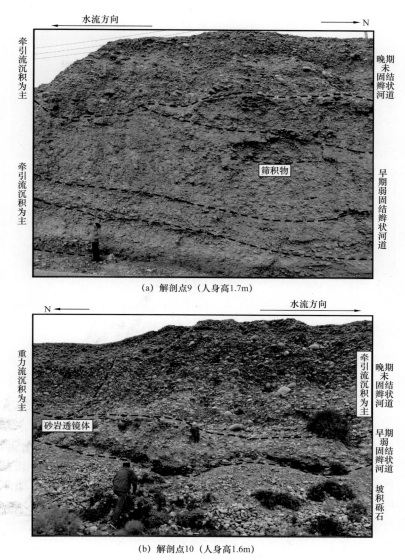

（a）解剖点9（人身高1.7m）

（b）解剖点10（人身高1.6m）

图2-9　早期的安吉然组〔（N₂—Q₁）a〕冲积扇砾岩沉积特征

安吉然组〔（N₂—Q₁）a〕弱固结砾岩中的砾石遭受风化、剥蚀，垮塌分布在褶皱带坡脚，从而为现今分布在褶皱带南部的晚期冲积扇提供了次级物源。前已述及，由安吉然组冲积扇夹持处至其南部，平均砾石直径不降反而有增加（表2-1），也印证了早期沉积的安吉然组冲积扇中弱固结的砾岩，为现今的冲积扇沉积提供了次级物源，再加上由黄水沟携带的来自南天山物源区的主要物源，共同为黄水沟冲积扇的大面积分布提供了大量砂砾质。同时，隆升褶皱带之间的下切辫状河道，是主要与次级物源的重要输送通道（高志勇等，2019）。

二、水系控制的冲积扇沉积演化分析

图2-11为黄水沟在1984年12月至2010年12月期间26年来的水系活动情况卫星图片（来自Google Earth图像数据），推测黄水沟活动水系可分为两期，早期活动水系主要

图 2-10　黄水沟冲积扇解剖点 9（a，b）与解剖点 10（c，d）的沉积特征

分布在西侧，晚期活动水系迁移至东侧，自 1984 年东侧活动水系情况一直记录至今。早期活动水系发育期间，由于褶皱带附近古地形较高，活动水系携带的砂砾质主要堆积在褶皱带北部。随着活动水系对褶皱带的不断下切侵蚀，沉积地形坡度增加，携带砂砾质的黄水沟河道变窄，进而增大了流水动力，活动水系所携带的砂砾质不断越过褶皱带向南延伸，形成现今展布的、位于图 2-1 中的西侧冲积扇（解剖点 9 和解剖点 10，图 2-10）。随着时间的推移，大量砂砾质广泛分布于图 2-1 中的西侧，进而在褶皱带南北两侧形成串珠状冲积扇。砂砾质堆积厚度逐年增加，与其东西两侧的地势高差逐渐增大，串珠状冲积扇东西两侧的势能区也变低。

　　冲积扇具有以活动的辫流带和仅在洪水期发生沉积的漫洪带为特征，扇面上不能全区同时沉积，而是选择扇面低势能区发生沉积（余宽宏等，2015）。在早期活动水系和褶皱带共同作用下，串珠状扇体东西两侧出现明显的高低势能差，因此，黄水沟自出山口后，水体逐渐向东侧迁移，进而形成了晚期活动水系。当然，如图 2-11b 所示的、自 1984 年记录至今的活动水系，仅仅是地质时间中的一瞬间，但其记录的晚期水系活动情况，为我们了解黄水沟辫状分流水系的活动特征提供了充分的证据。

　　如图 2-11 所示，1984 年 12 月，黄水沟活动水系主要影响东侧扇体的西部，主体水流位于东侧扇体的西缘，褶皱带南北两侧的辫状河道带较窄；1994 年 12 月至 1997 年 12 月显示，位于褶皱带北侧的辫状河道带变宽明显，褶皱带南侧活动水系向东迁移，水系的主体水流迁移至东侧扇体中部，辫状河道带明显变宽，携带大量砂砾质沉积；2001 年 12 月至 2010 年 12 月显示，位于褶皱带北侧的辫状河道带更有所加宽，褶皱带南侧活动水系的主体水流复向西侧迁移，且扇体中部同样受水体影响，大量砂砾质广布于冲积扇表面。对现今黄水沟东部活动水系特征进行测量，其在南天山物源区内表现为山间河，山间河河谷宽 300～400m；至出山口发育单个辫状河道，河谷宽 200m 左右，河道宽 50～180m；

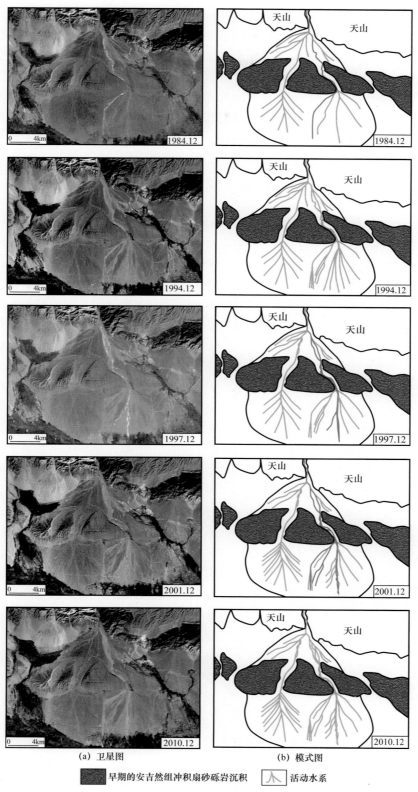

（a）卫星图 　　　　　　　　　　（b）模式图

　　早期的安吉然组冲积扇砂砾岩沉积　　　活动水系

图 2-11　现今的黄水沟冲积扇活动水系变化平面图（据高志勇等，2019）

向下游3km辫状河道发生分汊，形成辫状河道复合带，辫状河道带宽300~1000m；至早期安吉然组巨厚冲积扇隆升并被水道切割的夹持处，河谷宽860m，辫状河道带宽500m左右；越过夹持处，辫状河道带宽550m，逐渐增大到1440m，再向南可宽至3700m，甚至更宽；自出山口向下游约19km，辫状河道带开始汇合成低弯度单一径流河道。

总之，在晚期活动水系与褶皱带复合作用下，位于褶皱带北侧的扇体宽度在原来基础上增加明显，辫状河道带内大量的砂砾质沉积对扇体的堆积规模是重要补充。在褶皱带南侧，随着活动水系对褶皱带的不断下切侵蚀，沉积地形坡度增加，活动水系所携带的砂砾质不断越过褶皱带向南延伸，形成了东侧冲积扇（图2-11）（高志勇等，2019）。

三、水系与构造复合作用控制的冲积扇演化模式

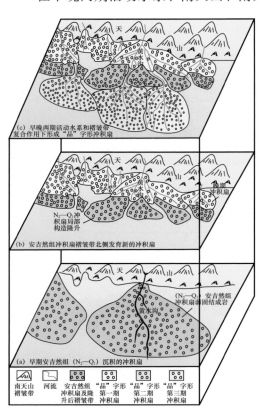

(c) 早晚两期活动水系和褶皱带复合作用下形成"品"字形冲积扇

(b) 安吉然组冲积扇褶皱带北侧发育新的冲积扇

(a) 早期安吉然组（$N_2—Q_1$）沉积的冲积扇

南天山褶皱带　河流　安吉然组"品"字形冲积扇及隆升后褶皱带　"品"字形第一期冲积扇　"品"字形第二期冲积扇　"品"字形第三期冲积扇

图2-12　构造与水系复合控制的冲积扇沉积演化模式图

在早晚两期活动水系、南天山、南天山前隆升的褶皱带复合作用下，形成了现今南天山前分布一个砂砾质扇体，褶皱带南侧并排分布两个扇体的"品"字形复合冲积扇，其演化过程如下：上新世—早更新世，焉耆盆地北部受天山南缘中泥盆统逆冲抬升的影响，形成了范围较大的原型盆地，沉积了安吉然组[（$N_2—Q_1$）a]砂砾质冲积扇。之后，扇体沉降，埋藏并弱固结成岩。受构造逆冲作用影响，安吉然组冲积扇局部隆升形成褶皱带，褶皱带南陡北缓，与南天山物源区平行，褶皱带的出现形成了南天山前的次级台阶，黄水沟早期活动水系携带大量砂砾质在褶皱带南北两侧形成了"串珠状"冲积扇；晚期活动水系向东侧迁移，辫状分流河道内大量砂砾质堆积，进一步扩大了褶皱带北侧的扇体范围，褶皱带南侧形成了新的扇体，从而形成了现今的"品"字形黄水沟复合冲积扇体。垂向上，晚期形成的"品"字形扇体叠加在早期的安吉然组冲积扇之上（图2-12）。南天山与隆升的安吉然组冲积扇褶皱带，构成了"品"字形冲积扇的主要与次要物源区，活动水系下切褶皱带形成的河道是形成"品"字形冲积扇的砂砾质输送通道（高志勇等，2019）。

参 考 文 献

程立华，陈世悦，吴胜和，等，2006.云南大理盆地隐仙溪冲积扇沉积结构特征［J］.西南石油学院学报，28（5）：1-5.

冯增昭，2013.中国沉积学（第二版）［M］.北京：石油工业出版社.

高志勇，冯佳睿，周川闽，等，2014.干旱气候环境下季节性河流沉积特征——以库车河剖面下白垩统为

例 [J]. 沉积学报, 32 (6): 1060-1071.

高志勇, 石雨昕, 冯佳睿, 等, 2019. 水系与构造复合作用下的冲积扇沉积演化——以南天山山前黄水沟冲积扇为例 [J]. 新疆石油地质, 40 (6): 638-648.

高志勇, 周川闽, 冯佳睿, 等, 2015. 盆地内大面积砂体分布的一种成因机理——干旱气候下季节性河流沉积 [J]. 沉积学报, 33 (3): 427-438.

郭建明, 傅碧宏, 林爱明, 等, 2003. 焉耆盆地活动构造的遥感图像特征 [J]. 地震地质, 25 (2): 195-202.

国家能源局, 2010. 沉积岩中黏土矿物和常见非黏土矿物 X 射线衍射分析方法: SY/T 5163—2010 [S]. 北京: 石油工业出版社.

李新坡, 莫多闻, 朱忠礼, 2006. 侯马盆地冲积扇及其流域地貌发育规律 [J]. 地理学报, 61 (3): 241-248.

里丁 H.G., 1986. 沉积环境和相 [M]. 北京: 科学出版社.

刘大卫, 纪友亮, 高崇龙, 等, 2018. 砾质辫状河型冲积扇沉积微相及沉积模式——以准噶尔盆地西北缘现代白杨河冲积扇为例 [J]. 古地理学报. 20 (3): 435-451.

卢鹏, 张志诚, 郭召杰, 等, 2008. 新疆和静地区新生代原型盆地恢复及后期构造破坏 [J]. 地质通报, 27 (12): 2089-2096.

莫多闻, 朱忠礼, 万林义, 1999. 贺兰山东麓冲积扇发育特征 [J]. 北京大学学报 (自然科学版), 35 (6): 91-98.

南峰, 李有利, 邱祝礼, 2005. 新疆奎屯河流域山前河流地貌特征及演化 [J]. 水土保持研究, 12 (4): 10-13.

石雨昕, 高志勇, 周川闽, 等, 2019. 新疆博斯腾湖北缘现代冲积扇与扇三角洲平原分支河流体系的沉积特征与意义 [J]. 石油学报, 40 (5): 542-556.

史兴民, 李有利, 杨景春, 等, 2008. 新疆玛纳斯河山前地貌对构造活动的响应 [J]. 地质学报, 82 (2): 281-288.

谭程鹏, 于兴河, 刘蓓蓓, 等, 2018. 季节性河流体系高流态沉积构造特征——以内蒙古岱海湖半滩子河为例 [J]. 古地理学报, 20 (6): 929-940.

王萍, 卢演俦, 丁国瑜, 等, 2004. 甘肃疏勒河冲积扇发育特征及其对构造活动的响应 [J]. 第四纪研究, 24 (1): 74-81.

王勇, 钟建华, 王志坤, 等, 2007. 柴达木盆地西北缘现代冲积扇沉积特征及石油地质意义 [J]. 地质论评, 53 (6): 791-796.

吴崇筠, 薛叔浩, 1992. 中国含油气盆地沉积学 [M]. 北京: 石油工业出版社.

吴胜和, 冯文杰, 印森林, 等, 2016. 冲积扇沉积构型研究进展 [J]. 古地理学报, 18 (4): 497-512.

印森林, 刘忠保, 陈燕辉, 等, 2017. 冲积扇研究现状及沉积模拟实验——以碎屑流和辫状河共同控制的冲积扇为例 [J]. 沉积学报, 35 (1): 10-23.

于兴河, 2008. 碎屑岩系油气储层沉积学 (第二版) [M]. 北京: 石油工业出版社.

余宽宏, 金振奎, 李桂仔, 等, 2015. 天山北缘辫状河型洪积扇沉积特征及其对准噶尔盆地西北缘古代洪积扇油气勘探的指导意义 [J]. 高校地质学报, 21 (2): 288-299.

张继易, 1985. 粗碎屑洪积扇的某些沉积特征和微相划分 [J]. 沉积学报, 3 (3): 75-85.

中国石油天然气总公司, 1998. 沉积岩重矿物分离与鉴定方法: SY/T 6336—1997 [S]. 北京: 石油工业出版社.

Clarke P, Parnell J, 1999. Facies analysis of a back-tilted lacustrine basin in a strike-slip zone, Lower Devonian, Scotland [J]. Palaeogeography Palaeoclimatology Palaeoecology, 151 (99): 167-190.

Colombo F, Busquets P, Ramos E, et al, 2000. Quaternary alluvial terraces in an active tectonic region: the San Juan River Valley, Andean Ranges, San Juan Province, Argentina [J]. Journal of South American Earth Sciences, 13 (7): 611-626.

Davidson S K, Hartly A J, Weissmann G S, et al, 2013. Geomorphic elements on modern distributive fluvial systems [J]. Geomorphology, 180-181: 82-95.

Fontana A, Mozzi P, Marchetti M, 2014. Alluvial fans and megafans along the southern side of the Alps [J]. Sedimentary Geology, 301 (3): 150-171.

Hartley A J, Weissmann G S, Nichols G J, et al, 2010. Large distributive fluvial systems: characteristics, distribution, and controls on development [J]. Journal of Sedimentary Reaserch, 80: 167-183.

Hartly A J, Weissmann G S, Scuderi L, 2016. Controls on the apex location of large deltas [J]. Journal of the Geological Society, 174: 10-13.

Marzo M, Puigdefabregas C, 1993. Alluvial Sedimentation [M]. Special publication number 17 of the international association of sedimentologists. London Oxford: Blackwell Scientific Publications.

Olariu C, Bhattacharya J P, 2006. Terminal distributary channels and delta front architecture of river-dominated delta systems [J]. Journal of Sedimentary Research, 76: 212-233.

Salcher B C, Faber R, Wagreich M, 2010. Climate as main factor controlling the sequence development of two Pleistocene alluvial fans in the Vienna Basin (eastern Austria) —A numerical modelling approach [J]. Geomorphology, 115 (3-4): 215-227.

Stanistreet I G, McCarthy T S, 1993. The Okavango fan and the classification of subaerial fan systems [J]. Sediment Geology, 85 (1): 115-133.

Trendell A M, Atchley S C, Nordt L C, 2013. Facies Analysis of A Probable Large-Fluvial-Fan Depositional System: The Upper Triassic Chinle Formation At Petrified Forest National Park, Arizona, U.S.A [J]. Journal of Sedimentary Research, (10): 873-895.

Weissmann G S, Hartley A J, Nichols G J, et al, 2011. Alluvial facies distribution in continental sedimentary basins- distributive fluvial systems [J]. Society for sedimentary geology, 97: 327-355.

Weissmann G S, Hartly A J, Nichols G J, et al, 2010. Fluvial form in modern continental sedimentary basins: Distributive fluvial systems [J]. Geology, 38 (1): 39-42.

Weissmann G S, Hartly A J, Scuderi L A, et al, 2013. Prograding distributive fluvial systems: Geomorphic models and ancient examples [J]. Society for Sedimentary Geology Special Publication, (104): 131-147.

第三章　博斯腾湖西北缘开都河河流—三角洲沉积体系

　　现代沉积考察是认识河流相沉积的有效方法之一（尹太举等，2012），并在 20 世纪 80 年代引起了国内外学者的广泛关注和重视，廖保方等（1998）通过对中国永定河现代沉积的研究，发现辫状河在高坡降地区和低坡降地区的沉积特征与河流形态存在差异，而沉积作用机制和砂体沉积模式近似；王俊玲和任纪舜（2001）对嫩江下游现代河流沉积的研究，认为嫩江下游包括两种河型沉积，底部为以砾石沉积为主的辫状河沉积，上部是低能量曲流河点坝沉积；王随继（2010）对黄河流域沉积动力特征以及河型转化的研究，认为不同河段间的沉积动力特征存在明显差异，并发现黄河上游第一弯的玛曲河段发生网状河—弯曲河型—辫状河型转化现象。同时，欧美大量学者对密西西比河（Nadler 等，1981）、普拉特河（Fotherby，2009）、巴拉圭河（Assine 等，2009）等现代河流的砂砾质展布、沉积构造特征等多方面进行了研究（Miall，1982；Moore，1969）。通过大量现代河流沉积学的研究，前人总结出了多种类型河流的形态、沉积构造、沉积物特征及其控制因素等（张昌民等，2004；廖保方等，1998；王俊玲和任纪舜，2001；王随继，2008，2010；Nadler 等，1981；Fotherby，2009；Assine 等，2009；Miall，1982；Moore，1969），对古代海陆相盆地单一河流类型的沉积相编图、有利砂体分布预测提供了重要的参考价值。然而，正如 Collinson（1983）所指出的，河流的沉积作用极其复杂，具有多变性，典型的相模式并不能应用到每种沉积环境。再者，通过考察我国多个现代湖盆内河流—三角洲沉积，并结合前人报道（陈骥，2016；张昌民等，2004；廖保方等，1998；王俊玲和任纪舜，2001），湖盆内往往发育由山间河—辫状河—曲流河—三角洲平原分流河道直至入湖等多种类型沉积体。本章通过解剖在单一物源供给下，开都河不同河型段的砾石质成分、砾径等与搬运距离的关系，砂质沉积构造、分布范围，碎屑组分及重矿物组合变化与物源区关系，以及不同河型段之间转换的控制因素，可明确湖盆内由物源区—山间河段—辫状河段—曲流河段—顺直河段—三角洲分流河道段的空间展布比例关系、展布范围，可为陆相湖盆河流沉积相图编制，提供重要的参考依据（石雨昕等，2017）。

第一节　河流三角洲不同河型段沉积特征对比

　　开都河位于博斯腾湖西北缘，经察汗乌苏、大山口流出山口后，水势平缓，穿过焉耆平原，注入博斯腾湖（买托合提·阿那依提等，2014；陶辉等，2007）。开都河为单一物源供给河流，笔者对不同河型段沉积物展布、沉积构造特征等进行了大量的探坑挖掘与数据测量工作，解剖点 1—10 分别设在反映各河型沉积的典型区域，或者在不同河型之间的变化区域。如图 3-1 所示，由察汗乌苏水电站（解剖点 1）至入湖口（解剖点 10）发育有山间河段（点1—2）、辫状河段（点3—4）、曲流河段（点5—6）、顺直河段（点7—9），以及三角洲平原分流河道（顺直河型，点9—10）。

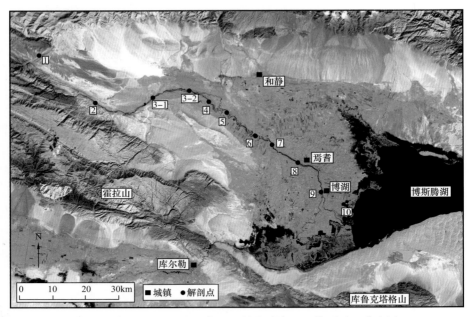

图3-1　新疆焉耆盆地开都河—博斯腾湖沉积体系平面分布图

一、山间河—入湖口不同河型段沉积特征

1. 山间河段

开都河山间河段主要发育在解剖点1察汗乌苏水电站—点2大山口水电站及至下游10余千米的出山口之前，山间河段水流量大、水动力强，河道内以砾石沉积为主，砂质沉积较少。察汗乌苏水电站（解剖点1），海拔1691m，山间河谷宽500m，河道内及两岸堆积大量砾石，砾石巨大，平均砾径为60.62cm，最大可达440cm。由于河道内砾石常年受水流冲洗，磨圆度较好，平均球度0.72，平均扁度1.78，平均倾向63°，平均倾角40°。砂质及泥质沉积极少。砾石成分较复杂，主要为粉细砂岩砾石，混合花岗岩砾石较多，并有少量的凝灰岩、花岗岩、脉石英等砾石（表3-1）。此处山间河发育有两级阶地（图3-2a）。

大山口水电站（解剖点2），海拔1341m，此处距上游察汗乌苏水电站24km，较之河谷变宽，宽约2km，河道宽约150m，此处水流较上游变缓，水动力变弱。河道内沉积的砾径明显变小，一般小于50cm，平均砾径为16.57cm。砾石磨圆度较好，呈次圆—次棱角状，扁平面倾向于上游方向，平均球度0.66，平均扁度2.18，平均倾向312°，平均倾角38°。主要的砾石为粉细砂岩砾石，较多的为混合花岗岩、凝灰岩砾石，并有少量花岗岩、脉石英等砾石（表3-1）。河道内下部为砾石质沉积，上部砂质发育，整体上呈砾石—中粗砂—细砂的正韵律沉积（图3-2b）。砂体厚1.0～1.6m，砂质内发育根土层、虫孔等（石雨昕等，2017）。

图 3-2　开都河不同河型段宏观沉积特征

（a）开都河山间河段砾石沉积与河流阶地，察汗乌苏水电站附近；（b）开都河山间河段，砾石—砂质正韵律沉积，大山口水电站附近；（c）巴润哈尔莫墩镇大桥，辫状河的中游砾质坝；（d）连心桥，辫状河下游砾石定向排；（e）乌拉斯台农场三连，曲流河上游砂砾质边滩；（f）军垦大桥北侧，曲流河下游砂质堤岸；（g）军垦大桥北侧，曲流河下游河道底部滞留砾石；（h）龙尾村，蛇曲河段变顺直河段处；（i）十号渠村，顺直河段的江心洲沉积；（j）开都河入湖口分流河道沉积

2. 辫状河段

辫状河多发育在河道比降较大的地带，河道高差大，水流湍急，对河岸侵蚀快，河道内发育心滩，河道与河道沙坝的频繁游荡摆动为辫状河的重要特点（李海明等，2014；高志勇等，2015）。开都河辫状河段长约24km，出山口后由于地形坡度变缓，河流的搬运能力突然减小，所携带的大量沉积物以片流形式分散开，故而在山前地区发育了典型的辫状河道。辫状河道段水浅、流急，河道心滩十分发育，砾径较山间河段明显变小。

解剖点3位于上游镇拜勒其尔村南—巴润哈尔莫墩镇大桥，海拔1174～1117m，为辫状河中游沉积，此处较大山口（点2）河道变宽，宽约1.03km。河道比降大，有利于形成宽而浅的辫状河。河道内砾径明显变小，平均砾径为8.02cm，呈次圆—次棱角状，平均球度0.61，平均扁度2.82（表3-1）。砾石扁平面倾向于上游方向，顺序排列十分明显，表示水流湍急。砾石成分仍主要为粉细砂岩砾石，凝灰岩及中酸性火山岩砾石次之，并有较少的混合花岗岩、混合岩砾石。河道内发育较多砾质坝，坝体宽70～90m，长200～300多米，坝头及侧翼迎水面以砾质为主（图3-2c），坝尾发育较多的砂质沉积。

解剖点4位于连心桥与呼青衙门村，海拔1090m，发育辫状河下游以及辫状河—曲流河的过渡沉积，与解剖点3-2的距离为5～6km。连心桥处辫状河道宽约180m，水动力较强，河道比降稍有下降，但变化不明显。砾径与哈尔莫墩大桥处（点3-2）变小，平均砾径5.62cm，呈次圆—次棱角状，平均球度0.65，平均扁度2.34，平均倾向323°，平均倾角31°（表3-1，图3-2d）。辫状河道内砾质坝（心滩）坝体宽数十米至130余米不等，长100～300多米。砾石成分仍主要为粉细砂岩砾石，凝灰岩及混合岩砾石次之，并有较少的花岗岩、脉石英砾石。

3. 曲流河段

曲流河发育于河流卸载体系的下游，其地势坡度低，携带沉积物能力较弱，河道作用的分布具有明显的规律性。曲流河道在冲积平原上不断地迁移，曲率和梯度是迁移方式的主要影响因素。被截弯取直的高曲率河道，形成废弃河道或牛轭湖，中曲率河道，在洪水期频繁决口，这些作用使曲流带的位置逐渐稳定下来，达到均衡状态（程岳宏等，2012）。开都河曲流河段长约40km，是辫状河长度的1.67倍。河道最宽处宽约0.35km，最窄处宽约0.3km。此段较辫状河段水体深、水流缓、河道窄。砾径较上游更为减小，多见中细砂质沉积。

乌拉斯台农场三连（解剖点5）属曲流河上游，距大山口约60km，海拔1075m。曲流河道宽100～250m，河道比降下降明显。此处为砾石沉积与砂质沉积的过渡段，砾石仍较为发育，砾径变小明显，平均砾径为3.33cm，磨圆较好，呈次圆—次棱角状，平均球度0.63，平均扁度2.51（表3-1）。砾石成分主要为粉细砂岩砾石，凝灰岩及脉石英砾石次之，并有较少的花岗岩、混合岩砾石沉积。河道侧岸有大量砂质沉积，点坝（边滩）坝头砾石沉积为主，坝尾砂质为主（图3-2e）。附近发育牛轭湖、废弃河道沉积。

解剖点6位于军垦大桥北侧的曲流河下游区，距大山口约80km，海拔1065m。曲流河道宽150～300m，地势愈发平缓。边滩（点坝）以小砾石与粗砂质沉积为主，平均砾径

表3-1 开都河不同河型段砾石成分、砾径及搬运距离关系数据（据石雨昕等，2017，修改）

河型	剖面位置	主要砾石成分	其他砾石成分	球度	扁度	平均砾径（cm）	倾向/倾角（°）	累计搬运距离（km）	坡降梯度	沉积体表面坡度（°）
山间河	察汗乌苏	粉细砂岩砾石	混合花岗岩、脉石英、凝灰岩、花岗岩	(0.55~0.86)/0.72	(1.29~2.67)/1.78	(24.55~278.50)/60.62	63/40	0	起点	起点
	大山口	粉细砂岩砾石	凝灰岩、混合花岗岩、花岗岩、脉石英	(0.48~0.79)/0.66	(1.33~3.70)/2.18	(3.63~47.42)/16.57	312/38	24	0.018108	1.0
辫状河上游段	拜勒其尔村南	粉细砂岩砾石	凝灰岩、花岗岩、混合花岗岩、脉石英	(0.39~0.96)/0.63	(1.14~6.60)/2.68	(2.47~30.20)/9.82	—	49	0.006861	0.39
辫状河中游段	哈尔莫墩大桥	粉细砂岩砾石	凝灰岩及中酸性火山岩、混合岩、花岗岩	(0.43~0.84)/0.61	(1.29~6.25)/2.82	(2.41~24.14)/8.02	—	64	0.005071	0.30
辫状河下游段	连心桥	粉细砂岩砾石	凝灰岩、混合岩、花岗岩、脉石英	(0.44~0.89)/0.65	(1.14~5.75)/2.34	(1.55~14.69)/5.62	323/31	69	0.004991	0.28
曲流河上游段	乌拉斯台三连	粉细砂岩砾石	凝灰岩、脉石英、花岗岩、混合岩	(0.40~0.82)/0.63	(1.39~5.80)/2.51	(1.36~8.96)/3.33	—	84	0.001875	0.11
曲流河下游段	军垦大桥北侧	凝灰岩砾石	粉细砂岩、脉石英、混合岩、花岗岩	(0.46~0.14)/0.68	(1.20~3.88)/1.90	(0.52~1.97)/1.02	—	104	0.000847	0.05

注：表中数值区间表示为（最小值～最大值）/平均值。

1.02cm。河道内有大量的砂质沉积。通过探坑挖掘（图 3-2f），在军垦大桥北侧曲流河道底部滞留砾石沉积较发育，砾石成分主要为凝灰岩砾石，粉细砂岩砾石、脉石英、混合岩等砾石次之，并有少量的花岗岩砾石沉积（图 3-2g）。

开都河曲流河段长约 40km，曲流河段蜿蜒曲折，在河岸凹侧侵蚀，凸侧发育边滩沉积。乌拉斯台农场三连（解剖点 5）的曲流河上游的边滩砂体展布范围为 420m×180m，坝体（边滩）生长可细分为 4 期，每一期坝体生长的边界处都发育高低不平、错落有致的红柳、野草等植被。其中，第一期坝体宽 18m，第二期坝体宽 32m，第三期坝体宽 51m，第四期坝体亦即正在生长的边滩宽为 7～10m。每期生长的坝体宽度均有增加，对单一的曲流河坝体（边滩）而言，在充足的物源供给下，蛇曲河道弯曲度愈大，水体流速愈慢、侧积发育程度愈高，坝体逐渐加大，后期宽度多大于前期坝体宽度。

由军垦大桥（解剖点 6）曲流河下游段探坑剖面（图 3-2f、图 3-3a）揭示，此段曲流河边滩沉积序列以正韵律为主，多期砂体叠置。边滩砂体下部为土灰色粗砂、中砂，向上变细为粉细砂质，多为块状构造沉积，砂体中下部夹有厚 3～4cm 的砾石层，砾径最大5cm 左右。砂体上部发育土灰色细砂质，夹有灰色粗砂质。在边滩砂体顶部，可见小砾石及钙质结核（图 3-3）（石雨昕等，2017）。

4. 顺直河段

如图 3-1 所示，在曲流河与三角洲平原段之间，发育顺直河段。顺直河段全长约为 24km，与辫状河段长度大体相当。在曲流河段变化为顺直河段的解剖点 7，海拔1063m，蛇曲段尾部河道变窄，宽 150～250m，进入顺直河段后，河道逐渐变宽，可达400m，河道内有江心洲（点坝），其上有植被覆盖（图 3-2h）。蛇曲河道变为顺直河段，坡度变化不大，河道底部发育北西向断裂（刘新月，2005），控制河道走向。点坝面积35m×60m～140m×490m。解剖点 8 的十号渠村—焉耆县城东大桥为顺直河段中游，河道宽 450～490m，海拔1059m，与顺直河段上游相比，坡度变化很小。顺直河道内江心洲（点坝）发育，点坝面积 36m×164m～127m×566m，甚至更宽、更长。点坝表面沙波发育（图 3-2i），沙波缓坡面迎上游水流方向，波峰砂质细、波谷砂质粗，或有小砾堆积。点坝以砂质沉积为主，其沉积序列以正韵律为主，底部主要为土黄色粗砂，夹有厚10～15cm 的河道滞留砾石层，砂体内发育大量交错层理、平行层理。向上变细为粉细砂，平行层理为主，见泥粉砂透镜体。顶部为土黄色河道泥质沉积，发育植物根须、生物潜穴，顶层底部见变形层理（图 3-3b）。

5. 三角洲平原分流河道

开都河流入博斯腾湖，在河流与湖泊共同影响和相互作用下形成河控三角洲，如图 3-4 所示，开都河三角洲在 2003—2013 年增长速率很快。现今三角洲平原与开都河顺直河段冲积平原的界限大致在博湖县城分水岭，其也是现今开都河三角洲的起点。分水岭（解剖点 9）海拔为 1056m，与开都河顺直河段高差为 3～4m。三角洲平原河道变窄较明显，呈顺直形态，由出焉耆县城的宽约 340m，至分水岭宽仅为 180m。如图 3-1 所示，推测早期三角洲平原起点可能在焉耆县城东大桥东部 3km 处，现今迁移至博湖县城的分水岭，表明在物源的持续供给下，开都河三角洲向博斯腾湖内生长迁移。开都河三角洲平原

岩性相片   厚度　岩性剖面　岩性特征
(cm)

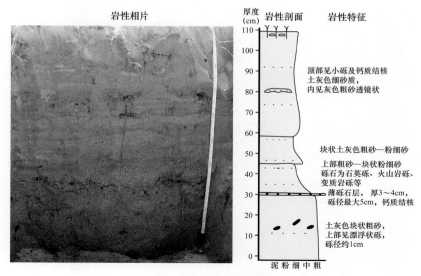

顶部见小砾及钙质结核
土灰色细砂质，
内见灰色粗砂透镜状

块状土灰色粗砂—粉细砂

上部粗砂—块状粉细砂
砾石为石英砾、火山岩砾、
变质岩砾等

薄砾石层，　厚3～4cm，
砾径最大5cm，钙质结核

土灰色块状粗砂，
上部见漂浮状砾，
砾径约1cm

泥　粉　细　中　粗

(a) 开都河曲流河段沉积序列

岩性相片   厚度　岩性剖面　岩性特征
(cm)

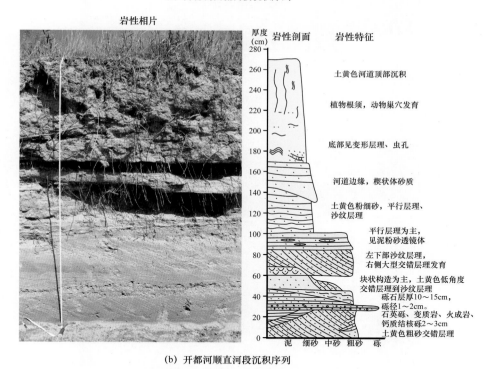

土黄色河道顶部沉积

植物根须，动物巢穴发育

底部见变形层理、虫孔

河道边缘，楔状体砂质

土黄色粉细砂，平行层理、
沙纹层理

平行层理为主，
见泥粉砂透镜体

左下部沙纹层理，
右侧大型交错层理发育

块状构造为主，土黄色低角度
交错层理到沙纹层理
砾石层厚10～15cm，
砾径1～2cm。
石英砾、变质岩、火成岩、
钙质结核砾2～3cm
土黄色粗砂交错层理

泥　细砂　中砂　粗砂　砾

(b) 开都河顺直河段沉积序列

图3-3　开都河曲流河段与顺直河段沉积序列对比剖面（据石雨昕等，2017）

分流河道沿分水岭向南、东南、西南分流，向博斯腾湖内呈鸟足状延伸（图3-4），分流
河道逐渐变窄，宽70～170m。至开都河入湖口（解剖点10），三角洲平原分流河道宽约
50m，入湖的分流河道宽30～45m，海拔1051m。河道整体较顺直，河道堤岸以粉细砂、
泥质沉积为主。分流河道堤岸上芦苇等植被发育（图3-2j），河口坝体宽130～280m，长
160～500余米。

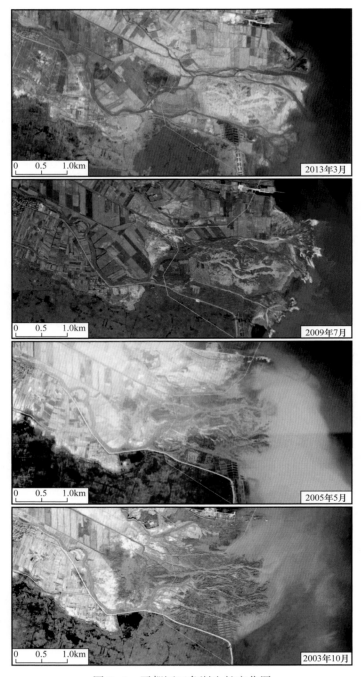

图 3-4　开都河三角洲生长变化图

6. 不同河型段沉积平面展布比例

通过上述分析可知，开都河自察汗乌苏、大山口水电站至入湖口，由物源区至汇水区，发育山间河段、辫状河段、曲流河段、顺直河段与三角洲平原分流河道段，并最终入博斯腾湖形成三角洲。山间河段水动力强，大量砾石沉积，砾石磨圆度好，砂质沉积物少；随着古地形变缓与坡度减小，山间河段流经出山口后，转变为辫状河段沉积，水动力强，砾径较山间河段减小 10 倍以上，河道内砂质沉积增加，砾质坝尾发育较多砂质；随着地势变平缓，辫状河段过渡为曲流河段，水动力较强。自察汗乌苏水电站山间河段，砾石在搬运 80～100km 后，大量的砾石转换为砂质，在曲流河段中下游区大量沉积；顺直河段的河道内坡度很小，水流较缓慢、水动力较弱。河道内发育点坝（江心洲），点坝以砂质沉积为主，发育有大型交错层理、平行层理，并见河道底部滞留砾石，表面植被发育；三角洲平原地势平缓，分流河道以粉细砂、泥质沉积为主，分流河道堤岸上芦苇等植被繁盛（图 3-2j）。

结合 Google Earth 软件分析，认为在现今干旱气候与充沛物源供给条件下，开都河自出山口后的辫状河段、曲流河段、顺直河段以及三角洲平原分流河道段的发育长度分别为 24km、40km、24km、25km，各河段的长度比值约为 1:1.67:1:1；不同河型段的沉积范围砂砾质展布宽度分别为 10km、19km、43km、30km，比值分别为 1:1.9:4.3:3；计算得出各河型段的砂砾质沉积面积分别为 240km²、760km²、1032km²、750km²，比值为 1:3.2:4.3:3.13。

二、砾石粒度与沉积搬运距离关系

砾石的研究具有重要的沉积学意义，它可以反映沉积环境，可以作为识别沉积环境的一种重要的指示标志（吴富强等，2000；吴敬禄等，2013；高志勇等，2016a）。砾石的研究方法以砾石的组构特征研究为主，也有少数学者针对砾石颗粒表面结构进行研究（吴锡浩等，1964），砾石组分分析作为砾石研究的重要分析手段，其基本内容包括砾石粒度分析、砾态分析、砾向分析和砾性分析。

1. 砾石粒度分析

为了测量砾石排列的方位及其形状变化，给每个砾石设立三个互相垂直的轴，每一个砾石延长的最大距离为长轴（a 轴），另一轴为短轴（c 轴），再就是中轴（b 轴）（吴磊伯，1957；吴磊伯等，1958）。砾石的粒度是通过测量每个砾石 a 轴（长径）、b 轴（中径）和 c 轴（短径）的长度，然后进行计算和统计而得的，其中的平均砾径 $\bar{d}$，是首先计算出各砾轴的平均砾径 $\bar{d}_a$，$\bar{d}_b$，$\bar{d}_c$，再计算等体积球径而得出的，即 $\bar{d} = \sqrt[3]{\bar{d}_a \cdot \bar{d}_b \cdot \bar{d}_c}$（李应运等，1963；朱大岗等，2002）。砾石平均中值粒径 d_{50}，即 $d_{50} = \sqrt[3]{d_{a50} \cdot d_{b50} \cdot d_{c50}}$，其中 d_{a50}、d_{b50}、d_{c50} 分别在 a 轴（长径）、b 轴（中径）和 c 轴（短径）累计频率曲线上求出。不论是平均砾径（$\bar{d}$），还是中值砾径（d_{50}），以靠山近源最大，中间次之，前缘最小（朱大岗等，2002）。砾石的扁度和球度（吴磊伯等，1962）是根据实地测量砾石 a 轴、b 轴、c 轴的长度计算求得，其中扁度 $F = (a+b)/(2c)$，球度 $B = \sqrt[3]{abc}/a$。

砾石大小的变化与水流的速度和流程有密切关系，如果水流的速度加大，则砾石常大小杂陈，粒度平均数亦随之增加。当水流的速度减小，由于巨砾常不能搬动，砾石大小比较接近一致，粒度平均数相对减小（吴磊伯等，1958）。通过大量野外观察，无论是在物源区的山间河流，沉积区的冲积平原河流、冲积扇（扇三角洲）辫状河道等河道内、坝体表面，牵引流作用下砾石粒径的大小向下游有明显变小趋势，国内外学者在此方面开展了大量研究。

吴锡浩等（1964）对川江徐家沱—金刚沱河段现代河床砾石研究，以及张庆云等（1986）对吉林省洮儿河研究后指出，砾石一般显示有规则地排列，扁平面正对水流方向，流速越大，扁平面倾角也越大。砾石长轴方向大致与水流方向垂直，具有向河岸两侧倾斜的趋势，倾角为10°～15°。砾石间泥砂及小砂砾石充填，也是在砾石沉积后水流平缓流动时嵌入的，一定程度上反映了因岩性的比重不同而产生的水流重力分选作用的结果。万静萍等（1989）认为，沉积物的粒度分布与陆源区物质的性质、风化作用、沉积物搬运时颗粒的磨蚀、溶蚀、搬运和沉积时的分选作用、河道梯度及水的流量有关。对于较大颗粒（从砾石到极粗砂），较软的岩石或矿物以及坡降较陡的河流来说，机械磨蚀及水的流量是重要因素。王随继等（2014）以张家界甘溪的现代砾石沉积物为研究对象，分析了砾石样品的累计频率分布曲线，认为砾石的分布特征也可以用累计频率曲线来表达，可以呈现清晰的两段式或三段式分布特征，反映对不同水位洪水动力的响应。Nicola Surian（2002）通过对意大利Piave河砾石沉积特征及向下游砾石中值粒径、分选系数等变化特征研究，认为砾石的磨损与分选作用控制了向下游砾石粒径的变化，且分选作用更加重要。Michael Bliss Singer（2008）通过对美国加利福尼亚北部含砂量低的Sacramento河河床沉积叠置样式和砂砾质沉积物特征研究后认为，从河口溯源至上游230～240km，河道内砾石和辫状坝内砾石的中值粒径变化成砂质，河道内砾石沉积物转化为砂质沉积物是逐步完成的，不均匀的沉积物供给与河道底部坡降梯度差异造成了此结果。Gale等（2019）对斐济的Sabeto河砾石沉积特征及下游砾石中值粒径、分选系数等变化特征研究，认为砾石的磨损与分选作用控制了下游砾石粒径的变化，且分选作用更加重要，磨损使砾石粒径变小的作用相对弱。

国外学者针对冲积扇与河流等沉积相砾石粒径（中值粒径 D_{50} 等）向下游变细及其与搬运距离的关系等方面做了较多研究（Paola等，1992a，b；Robinson等，1998；Hoey等，1999；Whittaker等，2011；Gale等，2019），并建立了如下较为经典的关系式：

$$D_x = D_0 e^{-\alpha x} \tag{3-1}$$

式中，D_0 为最初的砾石粒径，mm；α 为砾石粒径变细的指数，km^{-1}；x 为向下游砾石搬运距离，km；D_x 为搬运距离为 x 时的砾石粒径，mm。

2. 开都河砾石粒度与沉积搬运距离关系

依据前人提出的测量砾石粒度的方法（吴磊伯，1957；吴磊伯等，1958，1962），对分布于博斯腾湖北缘有持续物源供给的开都河河流—三角洲河道内的砾石，开展了砾石 a 轴（长径）、b 轴（中径）和 c 轴（短径）的长度和砾石排列分布的倾向与倾角的测量工作。沿物源区—沉积区下游河道设置了多个考察点，在每个考察点根据砾石沉积特征的不同，选取多个测量点，每个测量点面积不小于 $1m^2$，并随机选取100多个砾石进行测量。在获得大量数据基础上，主要选取平均砾径 $\bar{d}$，建立其与沉积搬运距离关系式。计算每个砾石的平均砾径 $\bar{d}$，首先计算出各砾轴的平均砾径 $\bar{d}_a$，$\bar{d}_b$，$\bar{d}_c$，再计算等体积球径而得出的，即 $\bar{d} = \sqrt[3]{\overline{d_a} \cdot \overline{d_b} \cdot \overline{d_c}}$（李应运等，1963；朱大岗等，2002）。

通过由察汗乌苏水电站（解剖点 1）至军垦大桥北侧（解剖点 6），分析不同河型段的砾石成分、砾径变化，并在各解剖点测量超过 100 个砾石，测量项目包括砾石的长轴（a 轴）、中轴（b 轴）、短轴（c 轴）、倾向、倾角，计算砾石的球度、扁度及平均砾径（高志勇等，2016b），并与沉积搬运距离进行对比（表 3-1）可知，由察汗乌苏水电站（解剖点 1）至军垦大桥北侧（解剖点 6）砾石搬运距离大于 100km，平均砾径由 60.62cm 降低至平均 1.02cm，砾径减少了 90% 以上，并逐步演化为以砂质沉积为主。对表 3-1 中砾径变化值与沉积搬运距离进行了数据拟合，从而建立了如开都河此种在单一物源供给下，山间河段—辫状河段—曲流河段的砾径变化与沉积搬运距离关系式：

$$S = -27.15\ln D + 111.55 \qquad (3-2)$$

式中，S 为砾石沉积搬运距离，km；D 为平均砾径，cm；系数 -27.15 反映了砾径纵向变化的速率，S 与 D 呈负相关关系，式（3-2）为定量分析河流相中砾石沉积变化提供重要的分析参数。

第二节　沉积物碎屑组分与重矿物特征

依据《沉积岩中黏土矿物和常见非黏土矿物 X 射线衍射分析方法》（SY/T 5163—2010），使用 Rigaku 型号为 D/max—2500 和 TTR 衍射分析仪对不同河型段沉积的砂质进行了碎屑组分种类与含量的分析。依据《沉积岩重矿物分离与鉴定方法》（SY/T 6336—1997），笔者对砂质沉积物中的重矿物进行了分析。

一、碎屑组分特征

开都河砂质沉积物的主要组分（表 3-2）为石英、钠长石、钾长石、方解石、白云石、黏土矿物等，少数样品中出现角闪石、石膏。由表 3-2 可知，开都河山间河段至顺直河段，石英含量总体呈增加趋势（图 3-5）。钠长石和钾长石总和呈逐渐降低特征，白云石颗粒含量亦降低，黏土矿物含量则出现逐渐增加的特点。由此表明，在丰沛的单一物源供给下，开都河由山间河段—顺直河段，其碎屑组分在沉积搬运 135km 过程中，成分成熟度逐渐增加，并且随着水动力强度逐渐降低，黏土矿物含量持续增加。

表 3-2　开都河不同河型段解剖点全岩分析结果（据石雨昕等，2017）

河型	剖面点	矿物种类和含量（%）							黏土矿物总量（%）	累计搬运距离（km）
		石英	钾长石	钠长石	长石总量	方解石	白云石	角闪石		
山间河	察汗乌苏（点 1）	28.9	5.1	22.6	27.7	22.7	14.9	—	5.8	—
山间河	大山口（点 2）	36.5	6.5	23.8	30.3	14.3	10.5	—	8.3	24
辫状河	哈尔莫墩大桥（点 3）	26.4	11.6	15.8	27.4	5.9	25.0	—	13.0	64

| 河型 | 剖面点 | 矿物种类和含量（%） | | | | | | | 黏土矿物总量（%） | 累计搬运距离（km） |
		石英	钾长石	钠长石	长石总量	方解石	白云石	角闪石		
辫状河	连心桥东（点4）	28.5	6.0	27.7	33.7	14.5	11.6	—	11.7	69
曲流河	乌拉斯台三连（点5）	34.6	4.9	26.8	31.7	10.5	9.4	—	13.8	84
曲流河	军垦大桥北侧（点6）	31.9	10.8	17.8	28.6	15.8	12.1	—	11.6	104
顺直河	龙尾村（点7）	26.3	8.3	26.9	35.2	13.8	10.5	2.8	11.4	110
顺直河	十号渠村—焉耆县城东大桥（点8）	49.1	6.1	19.2	25.3	9.5	5.7	—	10.4	127
三角洲平原	博湖县城分水岭（点9）	32.4	1.8	14.3	16.1	21.8	8.9	2.0	18.8	135

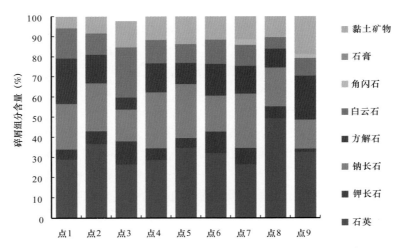

图3-5 开都河山间河段—顺直河段碎屑组分含量变化（据石雨昕等，2017）

二、重矿物特征

如表3-3和图3-6所示，开都河不同河型段中的重矿物种数较多，主要陆源稳定矿物包括绿帘石、钛铁矿、磁铁矿、赤褐铁矿；次要稳定矿物是磷灰石、榍石、石榴石、锆石等。陆源不稳定矿物为角闪石、辉石等，此外样品中还出现了少量的电气石、金红石、白钛石、透闪石。总体来看，开都河重矿物以陆源稳定矿物为主。其中，中等稳定矿物绿帘石含量由山间河段至顺直河段总体逐渐增加，赤褐铁矿、磁铁矿含量逐渐减少，而钛铁矿、角闪石含量由山间河段至顺直河段没有明显变化。

表3-3　开都河不同河型段段质沉积物重矿物种类与含量统计表（据石雨昕等，2017）

剖面点	陆源稳定矿物含量（%）													陆源不稳定矿物含量（%）			自生矿物（%）	分异指数 F	搬运距离（km）	累计搬运距离（km）
	锆石	电气石	金红石	指数	磷灰石	锐钛矿	白钛石	榍石	石榴石	绿帘石	钛铁矿	磁铁矿	赤褐铁矿	透闪石	角闪石	辉石	重晶石			
蔡汗乌苏（山间河）	1.95	0.40	0.12	2.47	2.68	0.12	0.36	2.19	0.80	6.43	17.7	6.95	16.09	1.34	20.12	2.41	—		0	
大山口（山间河）	1.58	0.79	0.66	3.03	2.37	0.39	0.52	0.52	0.39	6.33	22.98	7.01	14.89	0.02	27.73	2.37	4.62	0.49	24	24
哈尔莫墩大桥（辫状河）	0.55	0.76	0.07	1.38	1.57	0.23	0.47	0.63	0.76	8.39	26.7	19.6	13.73	0.15	16.78	2.28	1.18	0.62	40	64
连心桥东（辫状河）	0.55	1.67	0.20	2.42	1.81	0.13	0.62	1.11	1.67	15.06	15.9	12.8	12.55	0.03	30.13	0.83	1.39	0.28	5	69
乌拉斯台三连（曲流河）	0.01	0.95	0.01	0.95	0.63	0.01	0.19	0.73	0.01	26.63	14.26	—	19.19	0.95	24.73	2.85	—	0.73	15	84
军垦大桥北侧（曲流河）	0.70	0.78	0.01	1.49	3.52	0.17	1.23	2.29	1.56	19.60	13.83	4.35	15.68	0.88	20.39	1.56	1.78	0.74	20	104
龙尾村（顺直河）	0.96	0.85	0.1	1.91	1.60	0.1	0.64	1.28	0.85	18.85	8.57	3.21	13.71	1.92	32.57	4.28	2.14	0.60	6	110
十号渠村—焉耆县城东大桥（顺直河）	0.50	0.78	0.01	1.29	2.16	0.01	1.00	3.23	0.78	12.57	14.14	4.28	11.78	1.90	29.85	3.92	3.57	1.28	17	127
博湖县城分水岭（三角洲平原）	1.0	0.01	0.25	1.26	1.87	0.37	1.0	1.5	0.75	26.50	18.5	2.37	9.75	0.75	28.25	2.25	—	0.92	8	135

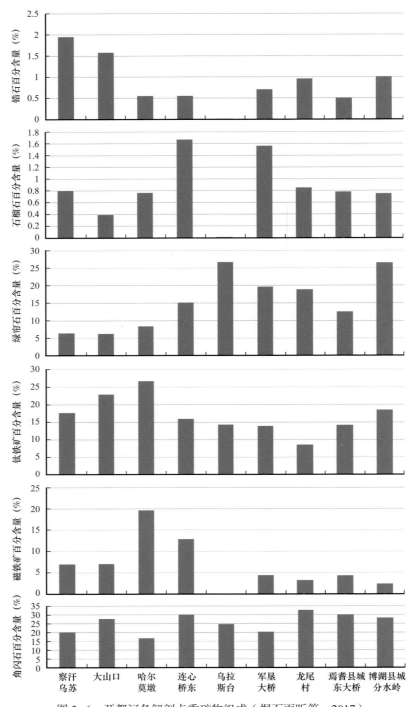

图 3-6 开都河各解剖点重矿物组成（据石雨昕等，2017）

ZTR 指数代表重矿物成熟度，其值越大，反映矿物的成熟度越高。开都河自山间河段至顺直河段的 ZTR 指数降低（表 3-3，图 3-7），而与砂质碎屑组分反映的成熟度增高正好相反，分析其原因，可能是自山间河段的大山口水电站向下，地形变缓，河道变宽，流速迅速降低，使沉积物中各种密度的矿物大量堆积，如表 3-3 中的陆源稳定矿物绿帘石与不稳定矿物角闪石含量持续增加，稀释了锆石、金红石、电气石等稳定重矿物的含量，从而导致 ZTR 指数降低。分异指数 F 代表矿物的分异程度，反映碎屑沉积物的水动力环境。由山间河段察汗乌苏水电站至顺直河段的博湖县城分水岭，分异指数 F 值呈递增趋势。F 值相对低处（解剖点 1—6），反映了山间河段—曲流河段沉积环境水动力强，沉积速率较低，矿物的沉积动力分选作用明显。其中，在哈尔莫墩大桥处（解剖点 3-1）辫状河段的分异指数最小，反映自山间河段变化为辫状河段，河床坡度变化大，河道宽度陡然增加，水动力较强，矿物的沉积动力分选作用十分明显。F 值相对高处（解剖点 7—10），表明沉积水动力作用较弱，重矿物的沉积动力分选作用不明显（石雨昕等，2017）。

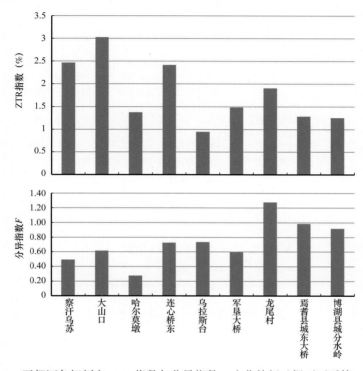

图 3-7 开都河各解剖点 ZTR 指数与分异指数 F 变化特征（据石雨昕等，2017）

第三节 沉积物粒度特征

粒度分析主要包括粒度参数特征及概率累计曲线分析。粒度参数主要采用的是福克和沃德提出的四项粒度参数，包括平均粒径（中值粒径）、分选系数（标准偏差）、偏度 S_k 和峰态 K_g（Folk 和 Ward，1957），参数计算方法为图解法。概率累计曲线可综合反映粒度分布特征，由概率累计曲线可以判断沉积物的物质来源、成因、沉积动力特征及沉积环境特征（德勒恰提等，2012；鲍峰和董治宝，2014）。沉积物的粒度成分按搬运方式不同可分为悬浮、跳跃和牵引 3 种粗细不同的组分。每一种组分的粒度分布特征都不相同，因此反映在概率累计曲线图上则是互不相同的 3 组线段。其中，粗粒段反映牵引组分，中粒段反映跳跃组分，细粒段反映悬浮组分。各个线段的斜率反映了相应组分的分选性，而且斜率越大分选性越好（蒋明丽，2009）。

一、粒度分析数据

通过对开都河不同河型段多个解剖点沉积物样品粒度分析后，认为其粒度参数及概率累计曲线具有显著特征（表3-4、表3-5、表3-6），并建立了相应的不同河型段的概率累计曲线特征图版（图3-8）。

表3-4　焉耆盆地开都河不同河型段沉积物粒度数据

采样点	采样地点	沉积环境	分选系数	分选性	偏度 S_k	偏态	峰度 K_g	峰态	平均粒径（ϕ）
点1	察汗乌苏	山间河河道	1.65	较差	0.706	极正偏	2.039	很尖锐	0.976
点2	大山口	山间河河道	0.637	较好	0.897	极正偏	1.374	尖锐	-0.315
点3	连心桥东	辫状河河道	1.019	较差	-0.632	极负偏	1.524	尖锐	2.321
点4	乌拉斯台三连	曲流河河道	0.609	较好	0.716	极正偏	1.145	尖锐	0.885
点5	军垦大桥北侧	曲流河河道	1.149	较差	1.292	极正偏	1.915	很尖锐	0.837
点6	恰比尔乃乡	曲流河变顺直河河道	0.713	中等	0.69	极正偏	1.115	尖锐	2.191
点7	焉耆县城东大桥	顺直河河道	1.038	较差	0.904	极正偏	1.647	很尖锐	1.052
点8	博湖县城分水岭	顺直河河道	1.277	较差	1.265	极正偏	1.836	很尖锐	1.781
点9	博湖西侧湖沼	顺直河河道	1.596	较差	0.461	极正偏	2.087	很尖锐	1.577

表3-5　焉耆盆地开都河不同河型段沉积物粒度概率累计曲线参数

采样点	相类型	曲线类型	滚动组分（％）	跳跃组分（％）	悬浮组分（％）	粗截点（ϕ）	细截点（ϕ）
点1	山间河河道	四段式	8	90	2	-1.4	2.2
点2	山间河河道	两段式	0	99	1	—	1.8
点3	辫状河河道	两段式	2	98	0	0.2	—
点4	曲流河河道	两段式	0	98.5	1.5	—	2.1
点5	曲流河河道	两段式	0	91	9	—	1.9
点6	曲流河变顺直河	两段式	0	94	6	—	2.8
点7	顺直河河道	三段式	9	87	4	-0.2	2.4
点8	顺直河河道	三段式	3	79	18	0	2.6
点9	顺直河河道	三段式	5	75	20	-0.4	2.6

表 3-6　开都河不同河型段沉积物粒度参数分布范围与均值

沉积环境	分选系数		偏度 S_k		峰度 K_g		平均粒径 (ϕ)	
	范围	平均值	范围	平均值	范围	平均值	范围	平均值
山间河河道	0.63~1.65	1.2	0.7~0.93	0.83	1.33~2.04	1.69	0.97~1.89	1.53
辫状河河道	0.98~1.01	0.99	−0.63~0.78	—	1.34~1.52	1.43	1.72~2.32	2
曲流河河道	0.6~1.15	0.88	0.7~1.29	1	1.14~1.92	1.53	0.83~0.89	0.86
顺直河河道	1.03~1.28	1.3	0.4~1.2	0.88	1.65~2.09	1.86	1.05~1.78	1.47

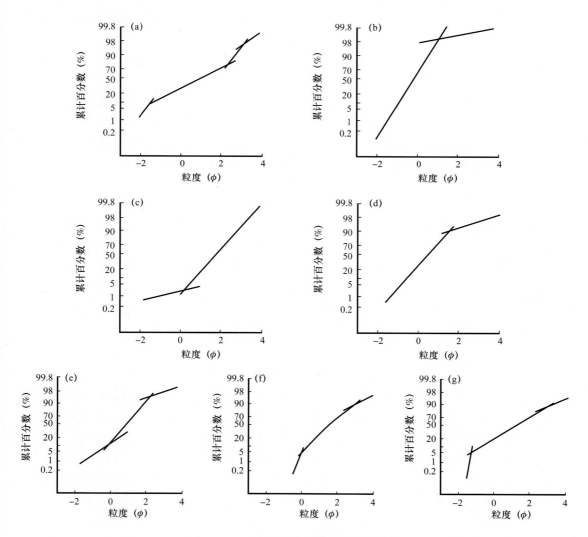

图 3-8　开都河不同河型段概率累计曲线

（a）、（b）察汗乌苏与大山口山间河河道概率累计曲线；（c）连心桥东辫状河河道概率累计曲线；（d）乌拉斯台三连曲流河河道概率累计曲线；（e）、（f）、（g）曲流河—顺直河河道概率累计曲线

二、沉积物粒度概率累计曲线特征

1. 山间河河道

分选系数总体范围为 0.63～1.65，分选较好—较差均有，分选系数平均值 1.14；偏度 S_k 总体范围为 0.7～0.9，均值为 0.8，极正偏态；峰度 K_g 总体范围为 1.37～2.04，在很尖锐至尖锐峰态范围内；平均粒径总体范围为 -0.3ϕ～0.98ϕ，平均粒径的平均值为 0.33ϕ，分布范围较大。体现了水动力条件强，后期改造强，不同沉积区域改造程度不同的特点。概率累计曲线两段式或四段式，可能是由于河流与泥石流沉积相互作用及沉积环境多变导致，四段式曲线中滚动组分含量 0～8%，跳跃组分含量 90%～99%，分选一般—较差，悬浮组分 1%～2%，可见跳跃组分分选优于悬浮组分；粗截点 -1.4ϕ，细截点范围 1.8ϕ～2.2ϕ；粒径分布范围 -2ϕ～4ϕ。

2. 辫状河河道

分选较差，出现极负偏态，此与其他沉积环境显著不同。平均粒径 2.32ϕ，在河流沉积环境中相对较大，表明沉积物样品中细颗粒含量较高。概率累计曲线呈两段式，滚动组分含量 2%，跳跃组分含量 98%，未见悬浮组分；粗截点 0.2ϕ；粒径分布范围 -2ϕ～4ϕ，可能与后期环境极不稳定，水动力条件变化明显有关（张天文，2011）。

3. 曲流河河道

分选系数总体范围为 0.61～1.15，分选系数变化较大，较好—较差均有，可能与采样点选取位置有关，分选系数平均值为 0.88；偏度 S_k 总体范围在 0.71～1.29，S_k 均值为 1，极正偏态；峰度 K_g 总体范围分为 1.11～1.91，峰态为尖锐、很尖锐；平均粒径总体范围 0.83ϕ～0.89ϕ，平均粒径均值为 0.86ϕ。概率累计曲线呈两段式，不含滚动组分，跳跃组分含量 91%～98.5%，分选一般—偏好，悬浮组分含量 1.5%～9%；细截点范围 1.9ϕ～2.1ϕ，粒径分布范围 -2ϕ～4ϕ。反映曲流河水动力条件较为稳定持续的特点。

4. 顺直河河道

分选系数总体范围为 1.03～1.28，分选较差，分选系数均值 1.3；偏度 S_k 总体范围在 0.9～1.27，均值为 0.88，极正偏态；峰度 K_g 总体范围在 1.64～1.84 之间，峰态为很尖锐；平均粒径总体范围为 1.05ϕ～1.78ϕ，均值 1.47ϕ。体现了顺直河内容易出现阵发性洪水，且阵发性洪水沉积物保存较好的特点。概率累计曲线呈三段式，滚动组分含量 3%～9%，跳跃组分含量 75%～87%，分选一般，悬浮组分含量 4%～20%；粗截点 -0.4ϕ～0，细截点 2.4ϕ～2.6ϕ；粒径分布范围 -2ϕ～4ϕ。

对于开都河流体系而言，河型基本以三段滚动—跳跃—悬浮为主，区别于前人河流研究的跳跃—悬浮两段式。跳跃总体较粗，粒度 -2ϕ～1ϕ，分选中等；悬浮总体较粗，粒度 1ϕ～3ϕ，分选差，为典型的急流型沉积（郑浚茂等，1980）。粗截点与起始水动力强弱呈正相关，悬浮组分含量与黏土矿物含量呈正相关，概率累计曲线与粒度参数具有良好的相关性。综合粒度参数与概率累计曲线来看，河流沉积环境复杂多变。对于不同河型段，各粒度参数与搬运距离关系不大，而是以河型为主导。其中，顺直河峰度值、分选系数最大，反映出能量大、分选差，可能是突发性不稳定水流导致。山间河峰度值、分选系数次之，体现了山间河沉积环境复杂的特点，可能与山间辫状河道对前期阵发性泥石流沉积的改造程度有关。辫状河分选较好于山间河，但差于曲流河，与沉积物搬运距离有一定关系，同时也可能是与辫状河河道比降大，水流湍急，对河岸侵蚀快的特点（高志勇等，2015）有关。可以看出，不同河型对于沉积水动力条件具有明显控制作用。

第四节　河流三角洲不同河型段变化控制因素

通过对开都河河流三角洲不同河型段砂砾质沉积特征与砂质碎屑组分及重矿物分析，认为其形成主要取决于古地形与坡度、沉积物组成以及气候等多种因素的影响。

一、地形与坡度

开都河不同河型的发育受到地形和坡度的控制，当河流遇到隆起时，沉积物卸载，地形坡度变缓，上游沉积物增加，河道增宽。当河水流过隆起部位，坡度增加，河流动能增强，形成下切河道，河道宽度变小而深度增加（唐武等，2016；王随继等，2000）。表3-7利用三角函数计算出开都河不同河型段的沉积坡度值，可知，河型发生变化受到地形与坡度的影响明显。自开都河的大山口山间河段至呼青衙门村的辫状河段，沉积坡度最大，为0.25°~0.39°。由辫状河段至曲流河段、顺直河段、三角洲平原分流河道及入湖口处，沉积坡度逐渐减小至0.02°。

表3-7　开都河河流三角洲不同河型段沉积地形坡度变化数据

剖面点	大山口	拜勒其尔村南	哈尔莫墩大桥	呼青衙门村	龙尾村	博湖县城分水岭	开都河入湖口
直线距离（m）	0	24340	11240	9640	19560	22490	14620
海拔及高差（m）	1341	1174/167	1117/57	1080m/37	1063/17	1056/7	1051/5
三角函数计算	—	$\sin\alpha=167/24340$ $=0.006861$	$\sin\alpha=57/11240$ $=0.005071$	$\sin\alpha=37/9640$ $=0.003838$	$\sin\alpha=17/19560$ $=0.000869$	$\sin\alpha=7/22490$ $=0.000312$	$\sin\alpha=5/14620$ $=0.000342$
计算沉积坡度	—	$\alpha\approx0.39°$ 坡度最大	$\alpha\approx0.30°$	$\alpha\approx0.22°$	$\alpha\approx0.05°$	$\alpha\approx0.02°$	$\alpha\approx0.02°$

二、沉积物物质成分差异

在地形与坡度控制的河型变化的基础上，开都河的山间河段—辫状河段—曲流河中上游段以砾石沉积为主，河水对砾石质侵蚀下切较为困难，故沉积水体多以表面片流状特征为主；特别是辫状河砂砾质坝体的形态也对水流特征有所影响。进入曲流河中下游—顺直河段—三角洲平原顺直型河段后，沉积物以砂泥质为主，河水对其侵蚀下切较容易，故沉积水体较深，堤岸固定河道，河道形态则呈蛇曲状、顺直状（石雨昕等，2017）。

三、气候变化

沉积区的降水量、植被发育程度以及河水流量等，均对河型演化具有一定的控制作用。焉耆盆地位于我国西北内陆腹地，为典型的大陆性干旱气候，降水稀少，蒸发强烈，夏季炎热，冬季寒冷，多年平均径流量 $33.62 \times 10^8 m^3$。由于降水量较少，一定程度上限制了河流的规模，辫状河段最宽处 0.8km，形成曲流河后河道宽约 0.35km。开都河下游区相对水量充足，江心洲植被大量发育，使河岸的抗冲性增强，江心洲更加稳定，从而控制了三角洲平原顺直型分流河道的方向（石雨昕等，2017）。

参 考 文 献

陈骥，2016.青海湖现代沉积体系研究［D］.北京：中国地质大学（北京）博士论文.

陈留勤，郭福生，梁伟，等，2013.江西抚崇盆地上白垩统河口组砾石统计特征及其地质意义［J］.现代地质，27（3）：568-576.

程岳宏，于兴河，刘玉梅，等，2012.正常曲流河道与深水弯曲水道的特征及异同点［J］.地质科技情报，31（1）：72-81.

邓健如，徐瑞瑚，齐国凡，等，1987.新洲阳逻—黄州龙王山砾石层的砾组分析［J］.湖北大学学报（自然科学版），2：81-87.

傅开道，方小敏，高军平，等，2006.青藏高原北部砾石粒径变化对气候和构造演化的响应［J］.中国科学 .D辑：地球科学，36（8）：733-742.

高志勇，周川闽，冯佳睿，等，2015.盆地内大面积砂体分布的一种成因机理——干旱气候下季节性河流沉积［J］.沉积学报，33（3）：427-438.

高志勇，周川闽，冯佳睿，等，2016a.中新生代天山隆升及其南北盆地分异与沉积环境演化［J］.沉积学报，34（3）：415-435.

高志勇，朱如凯，冯佳睿，等，2016b.中国前陆盆地构造—沉积充填响应与深层储层特征［M］.北京：地质出版社.

李海明，王志章，乔辉，等，2014.现代辫状河沉积体系的定量关系［J］.科学技术与工程，14（29）：21-26，60.

李应运，方邺森，1963.南京雨花台砾石层的岩组—岩相分析［J］.南京大学学报（地质学），3（1）：123-134.

廖保方，张为民，李列，等，1998.辫状河现代沉积研究与相模式——中国永定河剖析［J］.沉积学报，16（1）：34-39，50.

刘新月，2005.焉耆盆地构造变形与沉积－构造分区［J］.新疆石油地质，26（1）：50-53.

买托合提·阿那依提，玉素甫江·如素力，麦麦提吐尔逊·艾则孜，等，2014.新疆开都河流域主要地貌形态特征研究［J］.冰川冻土，36（5）：1160-1166.

石雨昕，高志勇，周川闽，等，2017.新疆焉耆盆地开都河不同河型段砂砾质沉积特征与差异分析［J］.古地理学报，19（6）：1037-1048.

唐武，王英民，赵志刚，等，2016.河型转化研究进展综述［J］.地质论评，62（1）：138-152.

陶辉，宋郁东，邹世平，2007.开都河天山出山径流量年际变化特征与洪水频率分析［J］.干旱区地理，30（1）：43-48.

万静萍，马立祥，周宗良，1989.恢复酒西地区白垩系变形盆地原始沉积边界的方法探讨［J］.石油实验地质，11（3）：245-249.

王俊玲，任纪舜，2001.嫩江下游现代河流沉积特征［J］.地质论评，47（2）：193-199，197.

王随继，倪晋仁，王光谦，2000.河型的时空演变模式及其间关系［J］.清华大学学报（自然科学版），40（S1）：96-100.

王随继，闫云霞，颜明等，2014.张家界甘溪砾石沉积物粒度的空间变化及其原因［J］.地理科学进展，33（1）：34-41.

王随继，2008.黄河流域河型转化现象初探［J］.地理科学进展，27（2）：10-17.

王随继，2010.黄河下游辫状、弯曲和顺直河段间沉积动力特征比较［J］.沉积学报，28（2）：307-313，330.

吴富强，刘家铎，吴梁宇，等，2000.焉耆盆地侏罗系碎屑化学成分与原盆地性质分析［J］.新疆石油地质，21（5）：391-393.

吴敬禄，马龙，曾海鳌，2013.新疆博斯腾湖水质水量及其演化特征分析［J］.地理科学，33（2）：231-237.

吴磊伯，马胜云，沈淑敏，1958.砾石排列方位的分析并论述长沙等地白沙井砾石层的沉积构造［J］.地质学报，38（2）：201-231.

吴磊伯，沈淑敏，1962.海滨砾石粗构分析的一个实例［J］.地质学报，42（4）：353-361.

吴磊伯，1957.砾石定向测量的意义与方法［J］.地质知识，12：1-6.

吴锡浩，钱方，1964.川江徐家沱—金刚沱河段现代河床砾石粒度和形态变化的初步分析［J］.地质论评，22（4）：289-297.

吴锡浩，钱方，1964.川江徐家沱—金刚沱河段现代河床砾石粒度和形态变化的初步分析［J］.地质论评，22（4）：289-297.

姚亚明，周继军，何明喜，等，2006.对焉耆盆地油气地质条件的认识［J］.天然气地球科学，17（4）：463-467.

尹太举，李宣玥，张昌民，等，2012.现代浅水湖盆三角洲沉积砂体形态特征——以洞庭湖和鄱阳湖为例［J］.石油天然气学报，34（10）：1-7，166.

张昌民，张尚锋，李少华，等，2004.中国河流沉积学研究20年［J］.沉积学报，22（2）：183-192.

张庆云，田德利，1986.利用砾石形状和圆度判别第四纪堆积物的成因［J］.长春地质学院学报，（1）：59-64.

朱大岗，赵希涛，孟宪刚，等，2002.念青唐古拉山主峰地区第四纪砾石层砾组分析［J］.地质力学学报，8（4）：323-332.

Assine M L, Silva A, 2009.Contrasting fluvial styles of the Paraguay River in the northwestern border of the Pantanal wetland, Brazil［J］.Geomorphology, 113（3-4）：189-199.

Collinson J D, 1983. Modern and ancient fluvial systems-anastomosed fluvial deposits：modern examples from western canada［M］.Blackwell Scientific Publications.

Fotherby L M, 2009. Valley confinement as a factor of braided river pattern for the Platte River［J］.Geomorphology, 103（4）：562-576.

Gale S J, Ibrahim Z Z, Lal J, et al, 2019. Downstream fining in a megaclast-dominated fluvial system：The Sabeto river of western Viti Levu, Fiji［J］.Geomorphology, 330：151-162.

Hoey T B, Bluck B J, 1999. Identifying the controls over downstream fining of river gravels［J］.Journal of Sedimentary Research, 69：40-50.

Miall A D, 1982. Analysis of fluvial depositional systems［M］.AAPG Booksore, 33.

Moore G T, 1969. Interaction of rivers and oceans：Pleistocene petroleum potential［J］.AAPG Bulletin, 53（12）：2421-2430.

Nadler C T, Schumm S A, 1981. Metamorphosis of south Platte and Arkansas Rivers, eastern Colorado [J]. Physical Geography, 2 (2): 95−115.

Paola C, Heller P, Angevine C, 1992a. The largescale dynamics of grain size variation in alluvial basins: 1. Theory [J]. Basin Research, 4: 73–90.

Paola C, Parker G, Seal R, et al, 1992b. Downstream fining by selective deposition in a laboratory flume [J]. Science, 258: 1757−1760.

Robinson R A J, Slingerland R L, 1998. Grain size trends, basin subsidence and sediment supply in the Campanian Castlegate Sandstone, and equivalent conglomerates of central Utah [J]. Basin Research, 10: 109−127.

Whittaker A C, Duller R A, Springtt J, et al, 2011. Decoding downstream trends in stratigraphic grain size as a function of tectonic subsidence and sediment supply [J] .Geological Society of America Bulletin, 123 (7/8): 1363−1382.

第四章　博斯腾湖北缘清水河与马兰红山扇三角洲

扇三角洲无论在海相还是陆相环境，都作为一种重要的粗碎屑沉积体系成为沉积学家竞相研究的重点。国外对扇三角洲的研究始于 19 世纪末期 Gilbert 对 Bonneville 湖更新世三角洲沉积物的经典描述（高亮，2010）。1965 年，Homes 提出扇三角洲的概念，指出扇三角洲是"从邻近高地推进到稳定水体（海、湖）中去的冲积扇"（李秀鹏，2010）。McConnico 和 Bassett（2007）、Ricketts 和 Evenchick（2007）、Alsaker 等（1996）、Tamura 和 Masuda（2003）、Sohn（2000a，b）、Hoy（2003）、Brain 和 James（1996）等学者对不同类型扇三角洲开展了大量的研究工作，主要包括沉积研究及储层、油藏等方面的研究，并总结了扇三角洲的沉积背景、沉积模式、沉积过程、沉积层序、几何形态以及储层特征等，以及扇三角洲早期分类标准。国内对砾质扇三角洲的研究相对较少，刘宝珺等（1990）研究了西藏日喀则市大竹卡组砾质扇三角洲，从砾石成层性、支撑方式、内部组构等几个方面划分了砾岩相，并从流体性质入手对其成因进行了解释，其后又研究了该地区的相组合及沉积模式；刘丽华等（1992）研究了克拉美利山南麓西大沟平地泉组砾质扇三角洲，从岩石学特征、沉积特征与沉积环境、沉积序列及沉积相模式等几个方面进行了详细阐述。近年来，随着准噶尔盆地西北缘玛湖凹陷获得重大油气突破，对粗粒扇三角洲的研究又活跃了起来（宫清顺等，2010；唐勇等，2014；于兴河等，2014；匡立春等，2014；袁晓光等，2015；邹妞妞等，2015；彭飕等，2017）。本章通过对博斯腾湖北缘的清水河和马兰红山砾质扇三角洲平原区带划分与沉积特征、辫状河道内沉积地貌及参数分析、砂砾质沉积物粒度参数特征，以及砾石与沉积搬运距离关系及控制因素研究，揭示现代扇三角洲砂砾岩沉积体构型特征、沉积物展布规律等基本地质要素，为古代扇三角洲精细研究提供参数依据。

第一节　清水河扇三角洲平原区带划分与沉积特征

一、国内扇三角洲研究进展

对扇三角洲的研究开始于 20 世纪 70 年代末至 80 年代，随着国内学者（裴亦楠等，1982；石国平等，1984）对三角洲进行了大量研究，扇三角洲开始得到重视与研究。其中，扇三角洲的形成条件、沉积特征、沉积相划分、序列特征以及相模式是早期研究者的研究重点。李应遐（1982）总结了扇三角洲与正常三角洲的区别，指出扇三角洲的形成需较大坡降、紧邻物源区的沉积环境，具有扇体规模小的特点，同时还指出河口坝既有反韵律，也有复合韵律，表示对扇三角洲韵律组合不可一概而论，要对蓄水盆地的水动力状况作具体分析；王衡鉴等（1983）指出扇三角洲的变形滑动、变形层理十分发育；顾家裕（1984）总结了扇三角洲的主要影响因素和沉积特征；张哨楠等（1985）指出"扇三角洲环境沉积作用复杂，沉积厚度大，碎屑粒度粗，岩相变化快"；王寿庆（1986）认为水下扇和扇三角洲最重要的区别在于水体深度，前者为深水环境，后者为浅水环境。20世纪90年代，很多学者（王海林等，1994；于兴河等，1995；李文厚等，1996）对辫状河三角洲与扇三角洲从构造背景、自然地理背景、沉积环境、岩相、粒度、分选、沉积相等方面进行了详细对比。钱丽英（1990）指出"辫状河三角洲与扇三角洲区别主要在于陆上部分，而水下部分很相似"；薛良清（1991）指出"扇三角洲的上部层序为片流、碎屑流和辫状河道的互层沉积物，辫状河三角洲具有辫状河平原相的陆上相组合"；盛和宜（1993）使用粒度概率曲线分类统计法，突破了传统方法只能定性而不能定量的缺点，定量化对扇三角洲储层成因进行分类；吴胜和等（1994）识别了陡坡型扇三角洲和缓坡型扇三角洲，指出两种扇三角洲的主要差异表现在扇三角洲前缘。同年，朱筱敏等（1994）指出扇三角洲发育前缘席状砂；张金亮等（1996）通过对我国大量扇三角洲实例的分析，总结出吉尔伯特型、水进型、水退型三种相模式。21世纪以来，我国学者着重通过各种实验方法对扇三角洲的形成演化进行详细刻画以及对扇三角洲的微相进行精细化描述。张春生等（2000）用实验沉积学方法对扇三角洲的形成过程及演化规律进行了较详细研究。指出扇三角洲的形成是突发性洪流与常态水流交替作用的结果；辫状河道的迁移摆动是导致扇三角洲演化的根本内在原因，而构造运动的强度与辫状河道的迁移摆动速率呈近似正相关关系；张春生等（2003）通过沉积模拟实验模拟了砂质扇三角洲沉积过程，分析了基准面对其演化过程的影响；鄢继华等（2004）通过水槽实验提出了对扇三角洲亚相定量划分方法；程立华等（2005）通过水槽实验剖析沉积动力机制和内部结构特征，指出扇三角洲平原以水流牵引作用为主，扇三角洲前缘斜坡以重力作用为主，前扇三角洲以浮力作用为主；鄢继华等（2009）通过水槽实验研究了湖平面变化对扇三角洲发育影响。李秋媛等（2010）对比了扇三角洲与近岸水下扇的沉积特征；庞军刚等（2011）对比了断陷湖盆扇三角洲与近岸水下扇及湖底扇的沉积特征；陈戈等（2013）通过对扇三角洲前缘砂体几何形态的模拟研究，总结出扇三角洲沉积体储层构型的模拟与预测方法。

二、扇三角洲平原区带划分与沉积特征

位于博斯腾湖西北缘的清水河主要由三大支流汇集而成，中支乌特艾肯河和东支那依特河均源于中天山哈依都他乌冰川区域，最高海拔4594m，两条支流在那依特村汇合后，下行3km入克尔古提湖。西支依克尔克尔古提河源头位于海拔3334m的沙斯克达坂，河流自西向东，左岸沿途接纳依克尔乔鲁突沟、粗鲁布突沟和嘎哈提河等支流后转向东南，流经10km后汇入清水河。三大支流在克尔古提湖下游2.5km处汇合后，下行16km至出山口克尔古提水文站（冉新量等，2012）。

清水河出山口至入湖处长度约为30km，从出山口到入湖处依次设置13个解剖点（图4-1），分别为清水河出山口（解剖点1），清水河出山口下游2.5km（解剖点2），清水河出山口下游4.6km（解剖点3），清水河出山口下游7.1km（解剖点4），清水河出山口下游10.2km（解剖点5），清水河大桥北侧（解剖点6），清水河大桥南2.8km（解剖点7），清水河大桥南4.3km（解剖点8），清水河大桥南5.1km（解剖点9），清水河大桥南6.5km

（解剖点 10），清水河大桥南 8.3km（解剖点 11），清水河大桥南 13.8km（解剖点 12），扇三角洲平原末端（解剖点 13）。

利用 Google Earth 遥感卫星图，根据水系分汊特征、地貌特征、沉积序列、沉积物粒度特征等地质要素，将清水河扇三角洲平原划分为三个区带，分别为扇上段（解剖点 1—9），扇中段（解剖点 10—12），扇下段（解剖点 13）。其中，扇上段又包括扇上 1 段（解剖点 1—2），扇上 2 段（剖点 3—6），扇上 3 段（解剖点 7—9）。扇三角洲平原扇上 1 段表面发育单个砾质辫状河道，从扇上 2 段开始砾质单辫状河道逐渐发育为砾质复合辫状河道，扇上 3 段又逐渐合并为砾质单一辫状河道。继续向下游方向发育砂质辫状河道带，在近三角洲入湖附近河道逐渐萎缩。

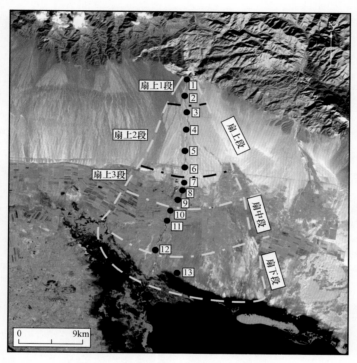

图 4-1　清水河扇三角洲平原区带划分

1. 扇上段沉积特征

扇上段总体坡降较大，沉积物以砂砾质为主。扇上 1 段沉积流体性质为牵引流和重力流，河道内水流湍急，对早期沉积物下切较深。河道内沉积物主体为砾石，砂质含量较少。扇上 2 段河道分汊明显，流体性质以牵引流为主，水流从急流逐渐减弱，河流对坝体切割程度不断变小。沉积物仍以砾石沉积为主，但砂质含量明显增加，沉积剖面未见砂质沉积。扇上 3 段沉积流体性质以牵引流为主，基本已无流水痕迹，河流对坝体切割很浅，河道与坝体勉强可区分，沉积物从砾质沉积物为主转变为砂质沉积为主（图 4-2）。

1）扇上 1 段沉积特征

清水河扇三角洲平原扇上 1 段占整个冲积体系总长度的 8.4%，是由出山口顶点至普遍开始发育分汊河道带。近物源沉积，坡降大，可达 18.5‰，沉积流体性质以重力流为

图 4-2　清水河扇三角洲平原不同区带宏观沉积特征

（a）扇上 1 段，清水河出山口；（b）扇上 2 段，解剖点 3；（c）扇上 2 段，解剖点 4；（d）扇上 3 段，解剖点 7；（e）扇上 3 段，解剖点 9；（f）扇中段，解剖点 11；（g）扇中段，解剖点 12；（h）扇下段，解剖点 13

主，也有牵引流沉积，沉积剖面上可见片流、主槽沉积。河道内砾质沉积为主，砂质沉积极少，地面渗滤良好。

解剖点 1 位于出山口处，海拔 1374m，河谷宽 130m 左右，下切深度达 8m 左右，最大辫状河道宽 14m，水流湍急，河道内砾石具有一定磨圆，砾径范围以 2mm～30cm 为主，最大砾径可达 3.6m（表 4-1）。砾石成分以混合岩、混合花岗岩为主，花岗岩、板岩砾石次之。剖面以砾岩沉积为主，分选磨圆较差，砂质沉积物很少，非均质性强，主要发育砾石成层性较好的片流及砾石紧密杂乱堆积的槽流沉积（图 4-3）。

表 4-1　清水河扇三角洲平原不同区带内坡降、砾石成分、最大砾径等数据

区带	点位	海拔高度（m）	距出山口距离（m）	坡降（‰）	活动河道带宽度（m）	主要砾石成分	次要砾石成分	少量砾石成分	河道内最大砾径（m）	坝体上最大砾径（m）
扇上1段	1	1374	0		130	混合岩、混合花岗岩	花岗岩、板岩	粉细砂岩、凝灰岩、大理岩	3.6	
	2	1327	2539	18.51	168	混合岩、混合花岗岩	花岗岩、板岩	粉细砂岩、大理岩	3.5	
	3	1280	4679	21.96	220	混合岩	花岗岩、板岩	粉细砂岩、大理岩	1.5	0.9
扇上2段	4	1235	7181	17.99	208	混合岩	泥粉砂岩、板岩	花岗岩、大理岩	1	0.63
	5	1176	10261	19.16	424	混合岩	泥粉砂岩、板岩	花岗岩、大理岩	0.83	0.6
	6	1155	11717	14.42	185	混合岩	花岗岩、板岩	粉细砂岩	0.8	
扇上3段	7	1101	14581	18.85	1500	混合岩	花岗岩	粉细砂岩、凝灰岩	0.7	
	8	1085	16094	10.58	78	混合岩	花岗岩	大理岩、板岩、粉细砂岩	0.65	0.32
	9	1080	16850	6.61	20	混合岩	花岗岩	大理岩、粉细砂岩		
扇中段	10	1066	18276	9.82	16	混合岩	花岗岩	板岩、大理岩、细砂岩	0.33	
	11	1061	20067	2.79	28	混合岩	花岗岩	板岩	0.3	
	12	1050	25601	1.99	31	混合岩	花岗岩	板岩		

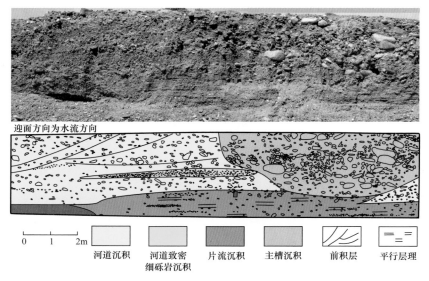

迎面方向为水流方向

0 1 2m	河道沉积	河道致密细砾岩沉积	片流沉积	主槽沉积	前积层	平行层理

图 4-3 清水河扇三角洲平原扇上段解剖点 1 沉积剖面图

解剖点 2 位于出山口下游 2.5km，海拔 1327m，河谷宽 168m 左右，水流湍急，河道内沉积物主要以 3～13cm 砾石混杂充填在 20～50cm 砾石中为主，最大砾径可达 3.5m。最大坝体长度达 153m，宽度达 20m，坝体内以砾径 8～30cm 的砾石为主，其间散落 2～8cm 的砾石。砾石成分以混合岩、花岗岩为主（表 4-1）。剖面以砾石沉积为主，分选磨圆较差，砂质沉积物较少，非均质性强，重力流沉积为主，见少量牵引流沉积。

2）扇上 2 段沉积特征

扇上 2 段占冲积体系总长度的 30.6%，为 2.5～11.7km。扇上 2 段内分汊辫状河道开始普遍发育。近物源沉积，坡降大，为 18.7‰。沉积流体性质以重力流为主逐渐过渡到牵引流沉积为主，沉积剖面上以砂砾质混杂沉积为主，可见砾石定向排列。河道内仍以砾质沉积为主，但砂质沉积开始增多（图 4-2），地面渗滤较好。

解剖点 3 位于出山口下游 4.6km，海拔 1280m，辫状河道复合带加宽至 220m 左右，最大辫状河道宽 10m，水流湍急，河道内以 30～70cm 砾石沉积为主，其内充填着 3～20cm 砾石，1～3cm 砾石较少，最大砾径可达 1.5m。最大坝体长度达 54.4m，宽度达 10m，坝体内 6～20cm 砾石为主，最大砾径达 0.9m（表 4-1）。砾石岩性以混合岩为主，花岗岩、板岩砾石次之。剖面以多级颗粒支撑为主，砾石分选磨圆较差，非均质性强，粗砾石中间充填了中砾、细砾和粗砂，各个粒级均有覆盖，洪流沉积为主；局部见前积层，牵引流沉积（图 4-4），岩相类型主要为块状层理砾岩。

解剖点 4、解剖点 5、解剖点 6 分别位于清水河出山口下游 7.1km、10.2km、11.7km 处，海拔由 1235m 降低至 1155m。辫状河活动带宽 185～424m。可观测到水流逐渐减弱，平面上出现砂质层，向下挖 14cm 后见砾石层。河流下切坝体能力减弱，下切河道变宽、变浅。河道、坝体内最大砾径均随距离向下游增加而不断减小，砾石具有一定的磨圆，砾石成分为混合岩、板岩、砂岩、花岗岩岩屑等。沉积剖面中可见块状层理砾岩，砾石具有一定的定向性。流体类型以牵引流为主，亦有洪流特征，主要表现为砾石由块状层理变为粒序层理，且砾石定向性变好。

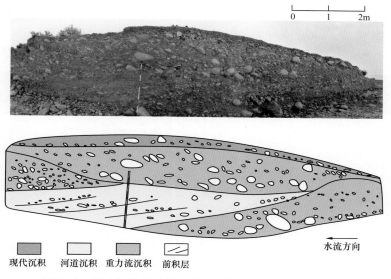

现代沉积　河道沉积　重力流沉积　前积层

水流方向

图 4-4　清水河扇三角洲平原扇上段解剖点 3 沉积剖面图

3）扇上 3 段沉积特征

扇上 3 段占冲积体系总长度的 17.1%，为 11.7～16.8km。坡降减缓，为 14.6‰。沉积流体性质以牵引流沉积为主，沉积剖面上从砂砾质沉积转变为以砂质沉积为主。水流较弱，下切河道能力较弱，河道与坝体识别难度加大。砾径大幅减小，地面渗滤作用减弱。

解剖点 7 在清水河大桥南 2.8km 处，海拔 1101m，辫状河活动带可达 1.5km 宽，水流很弱，河道内以 2～12cm 砾石充填在 20～25cm 砾石中为主，最大砾径可达 0.7m。坝体较浅，高出河道 30～40cm，坝体内砾径为 1～4cm 砾石混杂充填在 6～13cm 砾石中，未见大砾石。砾石岩性以混合岩、花岗岩岩屑为主（表 4-1）。剖面以砂砾岩沉积为主，多期河道正韵律，砾石定向性较好，局部见含砾粗砂岩，牵引流沉积（图 4-5）。

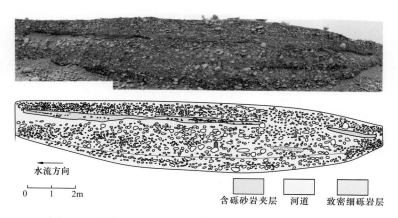

水流方向

0　1　2m

含砾砂岩夹层　河道　致密细砾岩层

图 4-5　清水河扇三角洲平原扇上段解剖点 7 沉积剖面图

解剖点 8 在清水河大桥南 4.3km 处，海拔 1085m，辫状河活动带宽可达 77.6m，河道内以 1～19cm 砾石为主，最大砾径可达 0.65m。坝体高度仅有 20cm 左右。最大坝体长度达 100m，宽度 29m，坝体内砾径略小于河道砾径。多为混合岩、花岗岩岩屑构成的砾石（表 4-1）。沉积剖面为正韵律，以砂岩沉积为主，未见层理，底部见薄砾石层（图 4-6）。

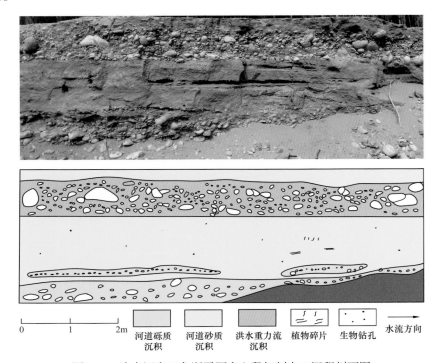

图 4-6　清水河扇三角洲平原扇上段解剖点 8 沉积剖面图

解剖点 9 在清水河大桥南 5.1km 处，海拔 1080m，辫状河道活动带合并成单一径流河道，宽可达 20m 左右，河道内小砾石与大量粗砂沉积，向下挖 55cm 后见砾石层（图 4-2e）。

2. 扇中段沉积特征

清水河扇三角洲平原的扇中段占冲积体系总长度的 29.2%，为 16.8～25.6km。坡度相对较小，仅为 5.9‰。辫状河道内主要为泥质、粉砂质沉积，见砾石层，地面渗滤较差。宽泛的复合辫状河道变为单一径流河道，主河道带宽度缩减至 10～30m。沉积剖面砂质沉积为主，可见小砾石层（图 4-7）。

解剖点 10、解剖点 11 分别位于清水河大桥南 6.5km、8.5km，平均海拔 1064m。单河道变窄，宽 10m 左右。河道内砂砾质沉积，砾质相对少，砂质增多明显，河道两岸发育钙质结核。堤岸高 2～3m。沉积剖面中见大型槽状交错层理砂砾岩相、平行层理砂岩相、楔状交错层理砂岩相，正韵律（图 4-7）。砾径范围为 8～30cm，砾石成分为混合岩、混合花岗岩、花岗岩、砂岩等（表 4-1）。

解剖点 12 位于清水河大桥南 13.8km，海拔 1050m，河道宽 30～80m。河道内砂质沉积为主，以粗砂—中砂为主，发育沙波，向下挖 1m 深未见砾石层。砾质沉积物极少，仅分布在河道两翼，砾石成分有混合岩、混合花岗岩、花岗岩等（表 4-1）。

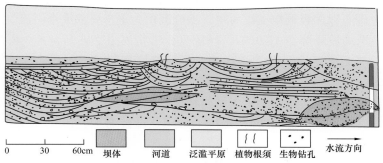

坝体	河道	泛滥平原	植物根须	生物钻孔	水流方向

0   30   60cm

图 4-7　清水河扇三角洲平原扇中段点 10 沉积剖面图

3. 扇下段沉积特征

扇下段为扇三角洲平原与湖泊交互处的水上部分，占整个冲积体系长度的 14.7%。在 Google Earth 上可观测到扇下段河道分汊明显，风与湖泊作用强烈。解剖点 13，海拔1040m。滨湖带植被、小贝壳发育，沉积物以砂泥为主，偶见细砾（图 4-2）。岸后风成沙丘较发育，高 2～3m，风成交错层理明显，中细砂为主。

4. 控制因素分析

（1）搬运机制：砾石颗粒接触关系与沉积构造反映沉积时的搬运机制，最大砾石粒径反映水动力条件强弱。清水河扇三角洲扇上段砾岩多呈大小混杂、多级颗粒支撑为主，见杂基支撑，泥质含量较高，反映扇上段以碎屑流为主；辫状水道内最大砾石直径达 3.6m，反映水动力强度极强，可能也有冰川作用影响。清水河扇三角洲平原扇中段见大型槽状交错层理砂砾岩相、平行层理砂岩相、楔状交错层理砂岩相，砂质沉积为主，反映扇中段以牵引流作用为主。

（2）发育部位：扇三角洲的发育部位对沉积物的供给与沉积物卸载区域是先决条件。清水河扇三角洲位于博斯腾湖湖盆的短轴，扇三角洲以侧向摆动为主，平面上呈扇形。

（3）物源供给：清水河从源头至出山口河长 60.2km，水流较清澈，河流携沙量小，1956—2012 年多年平均径流量 $1.23 \times 10^8 m^3$，物源供给较少。

（4）地形坡度：清水河扇三角洲扇上段平均坡降 17.4%，扇中段平均坡降 3.03%，地形先陡后缓，与清水河扇三角洲水动力强、碎屑流发育的特征相一致。同时也反映顺物源方向可容纳空间增加的特点，但由于清水河提供的物源较少，故扇体顺物源方向延伸有限。

三、扇三角洲平原整体特征

清水河扇三角洲平原河流从出山口至入湖处，全长30km。全区主要分为扇上段、扇中段、扇下段三个区带，其中扇上段又分为扇上1段、扇上2段、扇上3段。扇上1段占清水河扇三角洲平原总长度8.4%，平均坡降高达18.51‰，平面上主要发育单一砾质辫状河道，砾石沉积物以2级次砾石为主，砾岩岩屑混合岩、混合花岗岩为主，花岗岩、板岩次之；剖面上见槽流、片流沉积。扇上2段占总长度的30.6%，平均坡降为18.38‰，单辫状河道逐渐发育为砾质复合辫状河道，砾岩岩屑混合岩为主，花岗岩、板岩、泥质粉砂岩次之；剖面上砾石以多级颗粒支撑为主，洪流沉积为主，局部见牵引流。扇上3段占总长度的17.1%，平均坡降降至12.01‰，砾质复合辫状河道又逐渐合并为砾质单一辫状河道，砾岩以混合岩砾石为主，花岗岩次之；剖面上见多期河道沉积。扇中段占总长度的29.2%，平均坡降进一步降至3.03‰，河道类型转变为砂质单一径流河道，砾岩中砾石以混合岩为主、花岗岩次之；剖面上见大型槽状交错层理砂砾岩相、平行层理砂岩相、楔状交错层理砂岩相。扇下段占总长度的14.7%，河道逐渐萎缩。

第二节　辫状河道内沉积地貌及参数分析

解剖扇三角洲平原辫状河道带上微地形地貌特点，并对辫状坝体及河道参数开展定量分析，对扇三角洲平原砂砾岩体构型研究有巨大帮助。即从地形地貌上识别出扇上段（解剖点1—解剖点8）中的河道、坝体及坝体上的沟槽，并统计总结坝体长度、宽度、坝体两侧河道宽度及两侧河道分别对此坝体切割深度等参数特点（表4-2）。

表4-2　清水河扇三角洲平原辫状坝体长宽及相应河道宽深参数特征

区带	解剖点	辫状河道宽度（m）	坝体宽度（m）	坝体长度（m）	坝体长宽比值	坝体左侧河宽（m）	左侧河道切割坝体深度（m）	坝体右侧河宽（m）	右侧河道切割坝体深度（m）
扇上1段	1	130	46.4	>100		8	1.8	13.9	2
			9.6	108	11.25	13.9	1.65	2.8	1.37
	2	168	20	136	6.8	6	0.9		
扇上2段	3	220	36	160	4.44	10	1.55	4.8	80
			52	500	9.62	7.5	1.1	4.8	1.55
			28.8			6.8	0.93	9.2	0.52
	4	207.6	22	86	3.91	5.2	0.2	9.6	0.91
			26	92	3.54	9.6	渐变	4.8	1.24
			36	160	4.44	10	1.55	4.8	0.8
			28.8	190	6.6			21.2	2.2
			13.2	62.4	4.73				

区带	解剖点	辫状河道宽度（m）	坝体宽度（m）	坝体长度（m）	坝体长宽比值	坝体左侧河宽（m）	左侧河道切割坝体深度（m）	坝体右侧河宽（m）	右侧河道切割坝体深度（m）
扇上2段	4	207.6	12	134	11.17				
			26.4	76	2.88	10	0.9	26.4	1
			4	17.2	4.3	6	0.25	1	0.3
			14	44	3.14	3.6			
			38	124	3.26	13.6	0.9		
			25.2	84	3.33	10	0.65	6.4	0.8
			12	65.5	5.46	7.6	0.85		
			26.4	76	2.88	10	0.9	26.4	1
	5	424	12	53.6	4.47	4.5		5.6	1.26
			14	44	3.14	4.8	0.63	1	0.54
			4	17.2	4.3	1	0.3	6	0.25
			14	44	3.14	3.6			
			82.8	208	2.51	4	1.13	10	0.75
			26.4	64	2.42	3.2	1	4	1.13
			48			5.2	0.4	3.2	
			18.4	64	3.48		0.3		0.5
	6	185	38	124	3.26			13.6	0.9
			8.8	37.2	4.23				
			16	36	2.25				
			18	56	3.11	4.4	0.5	4	0.7
			5.6	58	10.36		1.2		1.2
			12	65.6	5.47	7.6	0.85		
			25.2	84	3.33	6.4	0.8	10	0.65
扇上3段	7		17.4	56	3.22	2	0.95	4.4	
			80	280	3.5	42	1.8	43	2.25
	8	77.6	29.2	100	3.42		2.2		

一、辫状河道内沉积地貌特点

清水河扇三角洲平原辫状河道内发育三种基本地貌要素：分支河道、坝体、汇合河道，其中坝体上可见流水的冲沟（图4-8）。汇合河道形态特征呈现出一个较深且较窄的下凹型，砾石总体比分支河道和坝体中的砾石大，40～100cm不等。在两河道交汇处发育一明显的深坑，深坑深度比分支河道对坝体的切割深度深，可达50～120cm。分支河道形态特征为较平缓且较宽的下凹型，砾石也相对于汇合河道处的小。坝体的形态特征为一个较平整且呈较大的上凸型，可细分为坝头、坝中和坝尾。坝头常见大砾石，直径可达50～90cm，可以超过分支河道内砾石也可小于分支河道内砾石，也有部分坝头未见此类大砾石。坝中砾石较分支河道及汇合河道要小，且坝中砾石介于坝头砾石与坝尾砾石大小之间。坝尾砾石最小，且砂质含量明显升高。坝体上的冲沟呈浅而窄的下凹型，砾石明显大于坝体砾石，部分砾石甚至大于旁边分支河道的砾石。

图4-8　清水河扇三角洲平原辫状河道内四种沉积单元要素（向里为下游）

选取解剖点2的坝体形态及沉积物特征，以及解剖点3活动水道内的地貌特点及沉积物特征进行了详细解剖及描绘（图4-9、图4-10）。

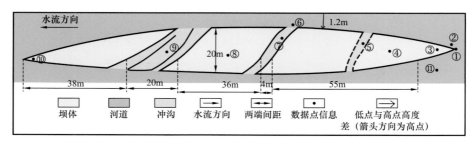

图4-9　清水河扇三角洲平原辫状坝体内部构型要素参数特征

①—坝头；②—坝头右侧；③—距坝头前端4m处；④—与③沉积物类似；⑤—浅槽；⑥—坝体内河道右侧；⑦—坝内前期河道；⑧—坝体内部；⑨—沟槽；⑩—坝尾；⑪—坝体左侧河道

1. 解剖点2

在该点选取了一个辫状坝体进行详细解剖，该坝体长158m，宽20m（图4-9）。细分为坝头、坝中和坝尾，其中在坝中可见沟槽及浅槽（图4-9），沟槽深度比浅槽深度大，宽度也大，可达4～20m不等，浅槽部位较旁边坝体有略微下凹，但不明显。各部位详细测量数据如下：

① 坝头：坝头前端存在一个最大砾石，直径达90cm，大砾石后坝头砾径主体8～30cm，中间夹杂2～8cm砾石，砾石最大扁平面产状（倾向∠倾角）分别为173.8°∠36°。

② 坝头右侧：位于坝体与河道之间斜坡处，砾石较大，砾径主体为20～60cm，中间夹杂6～10cm砾石，砾石最大扁平面产状为193.2°∠31°，砾石间充填粗砂，向下挖5cm可见小砾石（砾径1cm左右）。

③ 距坝头前端4m处：2mm～5cm砾石充填在主体为6～20cm砾石间，最大可见直径42cm的砾石。

④ 与③中沉积物类似，砾石最大扁平面产状为159.3°∠36°。

⑤ 浅槽：很浅，特征不明显。

⑥ 坝体内河道右侧：表层含砾粗砂披覆于主体为6～40cm砾石之上，局部可见2mm～4cm砾石聚集在6～40cm空隙处，最大砾径达67cm，下挖10cm见砾石层。

⑦ 坝内前期河道：直径为3～10cm砾石最多，其次为20～30cm的砾石，砾石最大扁平面产状为139.2°∠34°。

⑧ 坝体内部：直径2mm～10cm砾石充填在20～40cm砾石间，砾石未见明显定向性。

⑨ 沟槽：沟槽内中间部位较高，两边部位较低，砾径主体为4～14cm，见20～30cm砾石，砾石最大扁平面产状为103.8°∠36°。

⑩ 坝尾：砂质含量较高，直径1～6cm的小砾石发育，可见直径20～30cm砾石与2mm～1cm砾石，砾石最大扁平面产状为196°∠28°。

⑪ 坝体左侧河道：砾径主要为6～20cm，见1～3cm砾石充填其中，最大砾径为2.3m，砾石最大扁平面产状为181.5°∠31°。

2. 解剖点3

在该点分析了涨水时期流水对整个活动水道的作用形式（图4-10），由图可见多股水流将坝体切割开来，点②和点⑦两个坝体可以看作一个坝体被沟槽所切割，坝体中间沟槽宽度小，深度浅，水流速度较慢。多股分支河道最终汇合，形

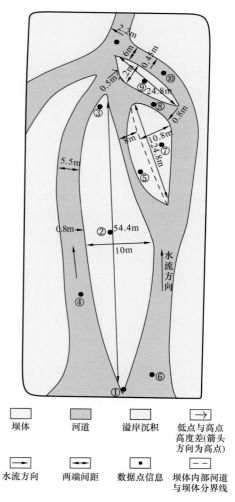

图4-10 清水河扇三角洲平原辫状活动水道平面分布及参数特征

①—坝头；②—坝中；③—坝尾；④—次级河道；⑤—冲沟；⑥—主河道；⑦—坝中；⑧—次级河道；⑨—次级坝；⑩—主河道；⑪—河道汇合处

成汇合河道。在汇合处河道深度最大，达 2.2m，且砾石沉积最大，直径达 80cm。坝体及河道各部位具体数据如下：

① 坝头：直径 3～13cm 砾石充填在 22～35cm 砾石中，最大砾径 49cm，磨圆较好，砾石定向性较好，砾石最大扁平面产状为 156°∠25°。

② 坝中：砾石主体直径 2～10cm 充填在 14～30cm 砾石中，最大砾径 46cm，砂质含量较坝头减小，砾石具有一定定向性，比坝头定向性差，砾石最大扁平面产状为 131.9°∠27°。

③ 坝尾：直径 1～8cm 砾石主体充填在 12～26cm 砾石中，直径 2mm～1cm 的砾石增多，最大砾径 38cm，砾石有定向性，但比坝中定向性差。

④ 次级河道：直径 1.8～10cm 砾石为主体，13～24cm 砾石为次主体，40～55cm 砾石散落，最大见直径 1.1m 砾石，砾石最大扁平面产状为 105°∠27°。

⑤ 冲沟：宽 6m，内部见直径 2mm～1cm 砾石充填在主体为 2～5cm 砾石中，再充填在 6～13cm 砾石中，见直径 14～22cm 砾石散落；左侧冲沟见直径 2.2～12cm 砾石充填在 15～28cm 砾石中，见 34cm 砾石散落。

⑥ 主河道：直径 5～17cm 砾石充填在 22～40cm 砾石间，见 60cm 砾石，砾石最大扁平面产状为 143.2°∠35°。

⑦ 坝中：砾石被砂质覆盖，表层砾石直径 4～12cm，充填在 13～24cm 砾石中，最大砾径为 49cm。

⑧ 次级河道：直径为 2.1～6cm 砾石充填在 8～12cm 砾石中，并一起充填在 16～22cm 砾石中，见 25～30cm 砾石散落。

⑨ 次级坝：整个坝体砾石呈明显叠瓦状分布，坝头与坝尾砾石均比坝中砾石大，坝中主体砾径为 2～5cm，充填在 7～13cm 砾石中，并一起充填在 15～22cm 砾石中，最大见 36cm 砾石，砾石最大扁平面产状为 90.7°∠32°。

⑩ 主河道：直径为 3.2～10cm 砾石充填在 13～17cm 砾石中，随后充填在 22～40cm 砾石中，最大见 60cm 砾石，砾石定向性一般，砾石最大扁平面产状为 109° 7′∠37°。

⑪ 河道汇合处：直径为 13～30cm 砾石充填在 50～80cm 砾石中，砾石最大扁平面具定向性。

二、测量参数的定量分析

由表 4-2 可知，坝体（宽 × 长）从 4m×17m 到 80m×208m 不等。大部分坝体宽度在 10m 以上，长度在 40m 以上。在解剖点 3、解剖点 5 及解剖点 7 均观察到宽度至少在 50m、长度至少在 200m 的沙岛（坝体），沙岛（坝体）上见大量植被发育。剔除掉沙岛，对其他坝体分析发现，大部分坝体的长宽比集中在 3～6，最主要的集中在 3～4。长宽比大于 6 的坝体主要集中在扇上带及扇中带的上半部分（解剖点 3、解剖点 4），解剖点 6 见长宽比为 10 的坝体，但坝体规模相对解剖点 3 和解剖点 4 的较小，且发育数量相对较少。根据长宽比不同，将坝体划分为两类，一种为长轴坝，长宽比值不小于 6；一种为短轴坝，长宽比值小于 6（图 4-11）。分别对这两种坝体的长度及宽度进行拟合，建立如下关系式：

$$L=4.817W+51.975 \qquad (4-1)$$

$$L=3.124W+6.363 \tag{4-2}$$

式（4-1）为长轴坝体长度与宽度关系式，式（4-2）为短轴坝体长度与宽度关系式。式中，L 为坝体长度，m；W 为坝体宽度，m。长轴坝和短轴坝相关性分别为 0.86 和 0.8，相关性较好。

一个坝体左右两侧分别有两个河道，选取其中较长的河道与坝体［坝体剔除掉小坝体（坝体长度小于 20m 及沙岛）］进行拟合，获得如下关系式（图 4-12）：

$$Y=0.0656X+2.2243 \tag{4-3}$$

$$Y=0.1604X-3.9633 \tag{4-4}$$

其中，式（4-3）为剔除掉坝体长度小于 20m 的小坝体及沙岛所拟合出来的关系式，式（4-4）不仅剔除了上述坝体，还将长度大于 120m 的坝体剔除所得到的公式。式中，Y 为河道宽度，m；X 为坝体长度，m。公式相关系数达到 0.798，说明坝体长度与河道宽度具有一定的正比关系，河道越宽，坝体越长。但随着坝体长度大于 120m 后，河道宽度与坝体长度关联性逐渐降低，甚至不再有相关性，可能原因是坝体过大，后期多期次河流对坝体改造导致坝体长宽数据测量不准确。

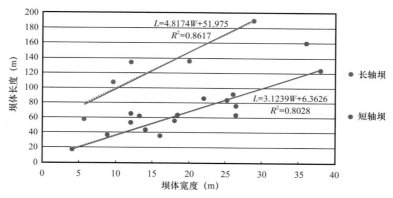

图 4-11　清水河扇三角洲平原辫状坝体长度与宽度变化关系

长轴坝长宽比≥6，短轴坝长宽比＜6

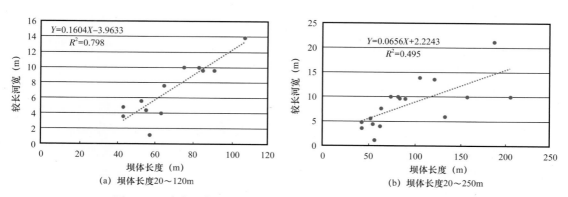

(a) 坝体长度 20～120m　　　　　　　　(b) 坝体长度 20～250m

图 4-12　清水河扇三角洲平原辫状坝体长度与较长河宽变化关系

坝体长度与水动力强弱具有一定关系，水动力条件强，坝体长度就越大，相应的河道宽度就越宽。河流对坝体的侵蚀作用影响因素较多，流速与侵蚀深度具有一定的正相关性，水流越强，下切作用越强，坝体切割深度越大，但规律性并不十分明显：首先，随着距离增大，不同的解剖点均会出现河流对坝体切割较深的现象出现，但总体而言浅坝越来越多；其次，同一解剖点不同部位河流对坝体的切割能力也不同，其中河道拐弯处及两条河道汇合处往往切割较深，沉积物粒度相对较大，但切割深度最大不超过2.2m，反映了水道随机摆动性较强的特点。

第三节 砂砾质沉积物粒度参数特征

一、粒度参数及粒度分布图

1.粒度参数

粒度参数主要包括平均粒径（M_z）、中值粒径（M_d）、分选系数（S）、偏度S_k、峰态K_g、球度和扁度。计算公式分别为：

$$M_d = \phi_{50}$$

$$M_z = \frac{\phi_{16} + \phi_{50} + \phi_{84}}{3}$$

$$K_g = \frac{\phi_{95} - \phi_5}{2.44(\phi_{75} - \phi_{25})}$$

$$S_k = \frac{(\phi_{84} + \phi_{16} - 2\phi_{50})}{2(\phi_{84} - \phi_{16})} + \frac{(\phi_{95} + \phi_5 - 2\phi_{50})}{2(\phi_{95} - \phi_5)}$$

公式中ϕ_5、ϕ_{16}、ϕ_{25}、ϕ_{50}、ϕ_{75}、ϕ_{84}、ϕ_{95}分别为频率累计曲线上5%、16%、25%、50%、75%、84%、95%对应的ϕ值。其中$\phi = -\log_2 d$，d为粒度直径。

平均粒径和中值粒径指代表沉积物的平均粒度，反映了搬运介质的平均动能（吕志发，1990），在区域内系统地分析平均粒径和中值粒径的变化情况，可以了解物质来源及沉积环境的变化。

分选系数（标准偏差）常被用作环境指标，一般情况下，冲积扇和冰碛物等粗粒沉积物分选最差，分选系数最大；河流卵石较海滩卵石分选要差。对现代沉积环境而言，风成沙丘分选最好，滨岸砂分选优于河流砂（蒋明丽，2009）。

偏度又称为偏态，是一个反应沉积环境变化的灵敏指标，用来判断频率分布曲线的对称性。按对称性可将偏度分为三类：对称分布、正偏及负偏。正偏曲线分布特点：峰值对应粒径较粗，细粒侧常见一低长的尾部，表明样品颗粒总体偏粗。负偏曲线分布特点：平均值比中位数细，峰值对应较细粒径，粗粒侧常见一低长的尾部，表明样品颗粒总体偏细。

峰度又称尖度，是将沉积物频率曲线的尖锐平坦程度与"正态曲线"相比较，比"正态曲线"尖为尖锐峰度，反之则是平坦峰度。峰度的数值越大表明曲线波峰越尖锐，粒度分布越集中（刘巍，2009）。

2.粒度分布特征图

概率累计曲线可综合反映粒度分布特征，由概率累计曲线可以判断沉积物的沉积动力特征及沉积环境特征（德勒恰提等，2012；鲍锋等，2014）。一般横坐标为粒径区间，通常采用粒径ϕ值，纵坐标为概率累计百分含量，采用非等间距坐标，便于更加明显地显示出沉积物粗细两端的特征（汪海滨等，2002）。沉积物的粒度成分按搬运方式不同可分为悬浮、跳跃和滚动3种粗细不同的组分。每一种组分的粒度分布特征都不相同，因此反映在概率累计曲线图上则是互不相同的3组线段，但有时悬浮、跳跃组分因环境能量快速变化混合在一起，导致线段部分边界的缺失。对于粗粒段而言，反映滚动组分，最大粒径受源头控制，粗截点反映沉积界面紊流能量大小；中粒段反映跳跃组分，跳跃总体含量取决于河床底层的稳定性和沉积速率；细粒段反映悬浮组分。各个线段的斜率反映了相应组分的分选性，斜率愈大分选性愈好，好的分选可能反映重新作用或筛选，流速越大，对应的沉积速率越小，分选就越好。常见的扇三角洲概率累计曲线主要有一段式重力流型、两段式河流型及三段式浅滩型（盛和宜，1993）。上述概率累计曲线主要针对的是砂质沉积物特点或砂砾质沉积物特点，对于砾石沉积物，概率累计曲线采取的做法与上述一致，但表述的意义不同。一段式、两段式或三段式的分布特征主要反映砾石对于不同水位洪水动力的响应。

粒度$C—M$图可以表示沉积物的最粗粒径与中值粒径的关系，因中值粒径可反应搬运介质的动能条件，所以$C—M$图可用于表征沉积物粗粒部分的结构特点与搬运方式之间的关系，进而对沉积环境进行判别（宫智凯等，2011）。其中C值即样品中最粗颗粒的粒径，代表了水动力搅动开始搬运沉积物的最大能量；M值为中值粒径，即体积百分含量为50%的粒径，代表水动力的平均能量。$C—M$图是以M值为横坐标、C值为纵坐标的双对数坐标图，在图中将C值与M值相等的点连成一条线，即构成$C=M$基线，单位一般为μm。

二、清水河扇三角洲平原沉积物粒度特征

1.砾质沉积物特征及演化

清水河从出山口（解剖点1）开始，一直到清水河大桥南8.3km（解剖点11），全长20.1km，砾石普遍发育。为了较好地反映单位面积内各级砾石的分布状况，在各解剖点分别对河道及坝体砾石进行测量，数量分别达300余个。由于受河水影响，河道内砾石测量点为解剖点3至解剖点11（解剖点1与解剖点2河水过于湍急无法测量，解剖点3为涨水期所测水中砾石数据，坝体内砾石测量点为解剖点1至解剖点8）。

1）辫状河道砾质沉积物特征及演化

随着沉积物搬运距离增大，砾径呈现波段式下降趋势（图4-13）。中值粒径变化区间22～40cm，相对减小量46%。平均粒径变化特点与中值粒径相似，仅解剖点3两者相差5cm，变化区间为22～35cm；偏度值变化范围是-0.38～0.036，对称分布为主；峰度值范围0.666～1.002，平坦至中等尖锐分布；分选系数范围0.864～0.921，分选性一般。球度范围0.643～0.679，扁度范围2.088～2.415（表4-3）。概率累计曲线以三段式或两段式为主（图4-14）。

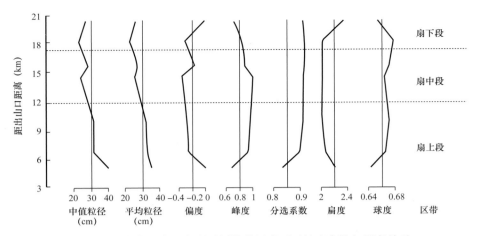

图 4-13　清水河扇三角洲平原辫状河道砾石粒度参数与距离关系

表 4-3　清水河扇三角洲平原各区带河道砾石粒度参数与距离关系

区带	解剖点	距出山口距离（m）	砾石个数	中值粒径 M_d（cm）	平均粒径 M_z（cm）	偏度 S_k	峰度 K_g	分选系数 S	平均球度	平均扁度	球度／扁度
扇上2段	3	4679	99	40.504	35.919	0.036	0.666	0.864	0.643	2.308	0.279
	4	7181	331	31.341	32.000	−0.268	0.910	0.897	0.665	2.178	0.305
	5	10261	349	31.341	31.926	−0.281	0.949	0.913	0.669	2.088	0.320
扇上3段	7	14581	264	23.752	25.223	−0.381	1.002	0.906	0.658	2.165	0.304
	8	16094	263	28.443	27.922	−0.176	0.862	0.914	0.669	2.119	0.316
扇中段	10	18276	318	22.009	22.575	−0.318	0.831	0.921	0.679	2.119	0.320
	11	20067	168	27.665	25.694	−0.009	0.716	0.901	0.652	2.415	0.270

（1）扇上 2 段。

解剖点 3、解剖点 4、解剖点 5 中值粒径从 40.5cm 下降至 31.3cm；偏度值从 0.036 降至 −0.28，反映水动力条件不断减弱，小砾石沉积下来导致细粒组分不断增多；峰度值从 0.666 增加到 0.913，反映水动力条件逐渐稳定，相同砾径颗粒不断聚集并沉积；相应地分选系数也从 0.864 提升到 0.913；平均球度变化略有增加；大砾石破裂成小砾石，导致平均扁度明显下降，说明砾石搬运方式以滚动搬运为主。

概率累计曲线为三段式（图 4-14），滚动、跳跃、悬浮段分别反映了三个不同期次的洪水作用沉积。解剖点 3 粗截点 −6.5ϕ，细截点 −4.8ϕ，滚动跳跃段分选较差，悬浮段分选较好，悬浮组分含量达 30%，解剖面 3 的概率累计曲线异于其他剖面点（图 4-14a），主要原因在于解剖点 3 测量砾径数据是在水下测量，数据量不够大，测量有一定误差。解剖点 4 粗截点 −6.7ϕ，细截点增大至 −4.5ϕ，滚动跳跃段分选较差，悬浮段分选较好，且优于点 3，悬浮组分含量达 29%（图 4-14b）。解剖点 5 粗截点增大至 −6.2ϕ，细截

点 −4.5ϕ，滚动跳跃段分选较差，其中跳跃段为一段上拱式，说明后一期洪水对前一期洪水沉积物的改造作用较强，悬浮段分选较好，悬浮组分含量 19%（图 4-14c）。

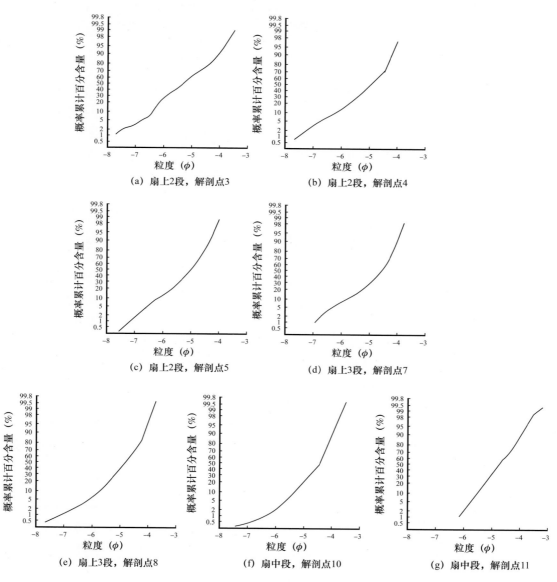

图 4-14　清水河扇三角洲平原辫状河道砾石概率累计曲线特征

（2）扇上 3 段。

解剖点 7 中值粒径为 23.8cm，砾径继续下降；偏度值最低，为 −0.38，峰度值最大，为 1.002，由小砾石增多所致；平均扁度 2.165，较解剖点 5 有所提升；平均球度 0.658，较解剖点 5 有下降。相比点 5，解剖点 7 小砾石沉积更多，但流水作用越来越弱，砾石破碎方式由滚动破碎变成干裂为主。概率累计曲线为三段式，滚动组分为一段上拱式，跳跃组分为一段下拱式，区别于扇上 2 段各解剖点，悬浮组分分选较好，优于扇上 2 段，悬浮组分含量 25%，跳跃组分含量 50%。粗截点 −6ϕ，细截点 −4.2ϕ（图 4-14d）。

解剖点 8 中值粒径为 28.4cm，砾径较点 7 增大；偏度值增加，为 −0.18，峰度值减小，为 0.862；平均扁度 2.119，较解剖点 7 减小；平均球度 0.669，较解剖点 7 增加。野外观测中，点 8 已无流水作用，沉积砾石为之前较强的河流改造形成。概率累计曲线为一段下拱跳跃段，反映上一期洪水对之前沉积物的改造作用；悬浮段反映最近一次洪水作用，细截点 −4.3 ϕ，与点 7 相差不大，悬浮组分含量 20%（图 4-14e）。

（3）扇中段。

解剖点 10 中值粒径为 22cm；偏度值 −0.32；峰度值为 0.831；分选系数为 0.921；平均扁度 2.119；平均球度 0.679。概率累计曲线与扇上 2 段一样，均为一段下拱跳跃段加悬浮段，细截点为 −4.4 ϕ，悬浮组分含量 50%（图 4-14f），明显高于扇上段悬浮组分含量。

解剖点 11 中值粒径为 27.7cm；偏度值 −0.01，峰度值 0.716；分选系数为 0.901；平均扁度 2.415；平均球度 0.652。概率累计曲线为一段式，表明为一次洪水作用（图 4-14g）。

2）辫状坝体砾质沉积物特征及演化

辫状坝体上的砾径与砾石搬运距离之间线性关系不明显，中值砾径变化范围为 23.4~30.3cm，坝体内大粒径的砾石数量明显小于临侧河道砾石数量，且砾径小于临侧河道内砾径。偏度分布范围为 −0.51~0.067，正态分布至很负偏态，说明小砾石分布明显高于河道沉积物，峰度分布范围为 0.729~1.194，中等尖锐—尖锐，说明相似粒径砾石数多于河道砾石，但分选系数分布区间为 0.888~0.916，与河道相差不大。平均球度变化范围为 0.668~0.709，高于河道平均砾石球度，平均扁度分布范围为 1.871~2.106，低于河道砾石平均扁度，说明坝体砾石搬运方式与河道砾石搬运方式具有一定差异。冲积扇各段（扇上 1 段、扇上 2 段、扇上 3 段）辫状坝体内粒度参数没有明显的响应关系（表 4-4）。概率累计曲线以一段式或两段式为主（图 4-15）。

（1）扇上 1 段。

解剖点 1 偏度 −0.31，峰度 0.729，分选系数 0.893，平均球度 0.681，平均扁度 1.929，概率累计曲线为两段式，砾径分布范围 −6.9 ϕ~−4 ϕ，细截点 −4.5 ϕ，悬浮组分含量 30%（图 4-15a）。

表 4-4　清水河扇三角洲平原各区带坝体砾石粒度参数与距离关系

区带	解剖点	距出山口距离（m）	砾石个数	中值粒径 M_d（cm）	平均粒径 M_z（cm）	偏度 S_k	平均球度	平均扁度	球度/扁度
扇上1段	1	0	327	30.274	32.297	−0.306	0.681	1.929	0.353
	2	2539	244	29.651	28.051	0.017	0.680	1.964	0.346
扇上2段	3	4679	299	23.425	28.641	−0.507	0.693	1.879	0.369
	4	7181	281	36.002	35.098	0.067	0.709	1.848	0.384
	5	10261	349	29.243	30.839	−0.130	0.701	1.871	0.375
扇上3段	7	14581	337	29.243	32.148	−0.252	0.686	1.993	0.344
	8	16094	269	25.992	27.474	−0.230	0.668	2.106	0.317

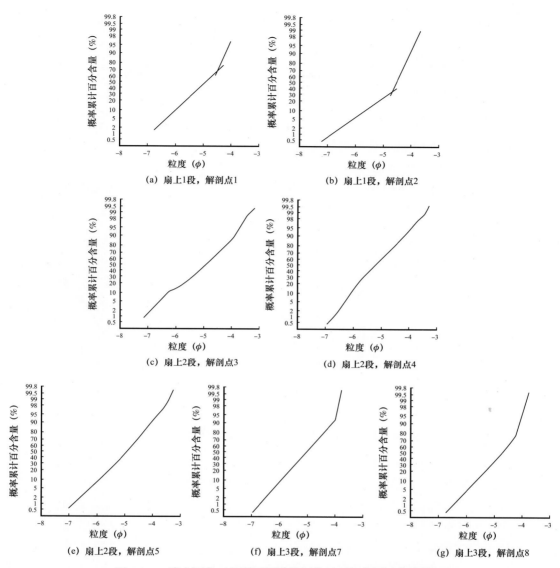

图 4-15　清水河扇三角洲平原辫状坝体砾石概率累计曲线特征

解剖点 2 偏度 0.017，峰度 1.194，分选系数 0.916，平均球度 0.680，平均扁度 1.964，概率累计曲线为两段式，砾径分布范围 -7.3ϕ～-3.5ϕ，细截点 -4.8ϕ，悬浮组分含量 65%（图 4-15b）。

（2）扇上 2 段。

解剖点 3、解剖点 4、解剖点 5 偏度分布范围 -0.51～0.067，峰度分布范围 0.938～1.079；分选系数分布范围 0.888～0.912，与扇上 1 段相差不大。平均球度 0.693～0.709，较扇上 1 段略大，平均扁度 1.848～1.879，概率累计曲线为一段式，砾径分布范围 -7.2ϕ～-3ϕ（图 4-15c、d、e）。

（3）扇上 3 段。

解剖点 7、解剖点 8 偏度分布范围 -0.25～0.23，峰度分布范围 0.842～0.924，分选系数分布范围 0.904～0.908，平均球度分布范围 0.668～0.686，较扇上 2 段略小，平均扁度分布范围 1.993～2.106，概率累计曲线为两段式，砾径分布范围 -7ϕ～-3.5ϕ，大砾径小于扇上 1 段，细截点 -4.2ϕ～-4ϕ，砾径也小于扇上 1 段，悬浮段含量 15%～20%（图 4-15f、图 4-15g），明显小于扇上 1 段，说明洪水搬运上一期次沉积物能力减弱。

2. 砂砾质沉积物特征及演化

在清水河扇三角洲的扇上段—扇中段对砂砾质沉积物采集样品共 46 个，分布于解剖点 1 至清水河大桥南 13.8km 处的解剖点 12。

1）河道内砂砾质概率累计曲线特征

清水河扇三角洲平原不同区带内概率曲线特征有一定区别，主要分为三种类型：一段上拱式、下凹两段式和上凸两段式（图 4-16）。

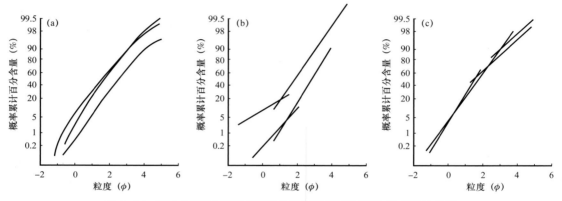

图 4-16　清水河扇三角洲平原辫状河道砂砾质沉积物概率累计曲线

扇上段概率累计曲线主要为一段上拱式（图 4-16a）和下凹两段式（图 4-16b）。扇上 1 段主要发育槽流和片流沉积。扇上 2 段砾岩以多级颗粒支撑为主，发育块状层理构造，重力流沉积为主，局部见叠瓦状砾石，牵引流沉积。扇上 3 段见多期次河道沉积，牵引流沉积。扇中段可见大型槽状交错层理砂砾岩相、平行层理砂岩相、楔状交错层理砂岩相。

一段上拱式概率累计曲线特征的样品主要分布在扇上 1 段和扇上 2 段，属典型的重力流沉积，粒径分布范围为 -1.2ϕ～5ϕ，悬浮总体含量很高。下凹两段式概率累计曲线特征的样品主要分布在扇上 2 段，属牵引流沉积，粒径分布范围为 -1.8ϕ～5ϕ，截点范围在 1ϕ～1.5ϕ，滚动组分含量高，占总体含量 1%～20%，分选较差——一般，跳跃组分分选较好，未见悬浮组分。上凸两段式（图 4-16c）曲线出现在扇上 3 段尾部（解剖点 9）至扇中段，粒径总体范围 -1.2ϕ～5ϕ，与扇上段粒径范围一致。截点范围 1.8ϕ～5ϕ，跳跃总体含量 60%～90%，分选好于扇上 2 段，悬浮总体较发育。

2）河道内粒度 C—M 图特征

由图 4-17 可知，C 值变化范围为 870～5656μm，M 值变化范围为 164～1274μm，C 值基本上均大于 1000μm，反映了近源沉积的特点。搬运方式以滚动搬运为主，悬浮搬运为辅。扇上 1 段样品属于滚动搬运（图 4-17a），C 值很大，说明水流扰动很强；扇上 2 段为滚动搬运，且 M 值递减，C 值变化不大，说明沉积环境稳定，沉积物分选较好；扇上 3 段为悬浮搬运，由上游至下游 C 值有变化而 M 值不变，说明随着地质营力逐渐减弱，滚动组分不断减小，沉积物分选变差（图4-17b）。扇中段沉积物的C值很大，说明流水期次与扇上1段和扇上2段流水作用期次不一致（图4-17c）。

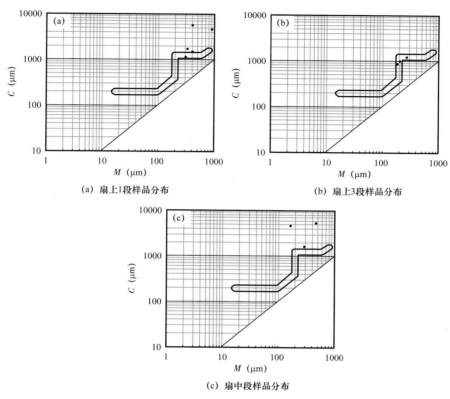

(a) 扇上1段样品分布　　　　(b) 扇上3段样品分布

(c) 扇中段样品分布

图4-17　清水河扇三角洲平原辫状河道砂砾质沉积物C—M图

3）砂砾质碎屑组分特征

运用X射线衍射定量分析方法测定清水河扇三角洲砂质沉积物中的碎屑组分种类与含量，探明近源沉积环境中各碎屑组分含量与搬运距离关系。砂质碎屑组分为石英、钾长石、斜长石、方解石、白云石、角闪石、黏土矿物等矿物（表4-5）。在清水河扇三角洲平原中，随着搬运距离增加，石英含量总体呈阶段性上升趋势，角闪石含量呈现阶段性下降趋势，但其他碎屑组分含量无明显规律性变化，各区带具体分析数据如下：

（1）扇上1段石英含量为34.9%～38.7%，长石含量29.3%～43.9%，方解石含量较高，达13.5%～15.4%，白云石含量为3.5%，角闪石含量5%，黏土矿物含量在7.7%～8.1%。

（2）随着搬运距离增加，扇上2段石英含量升高至37%～40.3%，角闪石下降至2.2%～5.1%，长石总量、方解石、白云石、黏土矿物含量没有明显规律性变化，分别为22.6%～34.6%、8.6%～15.8%、1.6%～3.7%和7.7%～17.9%。

（3）扇上3段石英含量与角闪石含量与扇上2段相比并没有出现明显变化，含量分别为36%～38.6%和2.1%～3.9%，进一步说明该段沉积物与扇上2段沉积物形成时期具有差异。长石总量较扇上2段提升，方解石、白云石、黏土矿物含量与扇上2段相似，含量依次为35.2%～41.1%、7%～10.9%、2.5%～3.8%与8%～11.5%。

（4）扇中段石英含量进一步升高至39.7%～42.7%，角闪石含量进一步下降至

0.8%～2.6%。长石总量较扇上3段下降，方解石、白云石、黏土矿物含量没有明显变化，含量依次为8%～11.3%、2.5%～3.6%和5.8%～15.9%。

表4-5　清水河扇三角洲平原各区带沉积物碎屑组分数据

| 区带 | 解剖点 | 矿物种类和含量（%） | | | | | | 黏土矿物总量（%） | 累计搬运距离（km） |
		石英	钾长石	斜长石	方解石	白云石	角闪石		
扇上1段	1	34.9	13.4	30.5	13.5	—	—	7.7	0
	2	38.7	5.9	23.4	15.4	3.5	5.0	8.1	2.5
扇上2段	3	37.0	7.0	15.6	15.8	1.6	5.1	17.9	4.7
	4	38.8	11.7	22.6	8.6	3.0	2.2	13.1	7.3
	5	40.3	9.4	25.2	9.9	3.7	3.8	7.7	10.2
扇上3段	7	38.6	10.2	25.4	10.1	3.5	2.5	9.7	14.6
	8	36.0	11.1	24.1	10.9	2.5	3.9	11.5	16.1
	9	38.0	13.7	27.4	7.0	3.8	2.1	8.0	16.9
扇中段	10	41.7	5.6	23.2	9.2	3.6	—	15.9	18.2
	11	42.7	8.7	26.2	8.0	2.8	1.8	9.8	20.1
	12	39.7	10.0	28.1	11.3	2.5	2.6	5.8	25.6

第四节　砾石与沉积搬运距离关系及控制因素

一、砾径定量分析

砾石 a 轴中值粒径是对 a 轴统计做概率累计曲线得到概率累计为50%时的砾径值（ϕ_{a50}），同理可得 b 轴、c 轴中值粒径。a 轴分选系数 $S_a = \sqrt{d_{a75}/d_{a25}}$，其中 d_{a75} 和 d_{a25} 分别根据累计概率曲线上的四分位数求得。

（1）粒径既能反映水流强度，又能反映砾石的磨损。从表4-6可以看出，从解剖点3至解剖点11河道砾石 a 轴、b 轴和 c 轴的中值粒径具有如下特点：

扇上2段（解剖点3、解剖点4、解剖点5）a 轴中值粒径从84.45cm骤减至16cm，绝对减少量68.45cm，相对减少了81%，粒径变化非常明显；b 轴中值粒径从18.38cm减少至13.93cm，绝对减小量4.45cm，相对减小24%；c 轴中值粒径从5.66减小至3.48cm，绝对减小量2.17cm，相对减小38%。

扇上3段（解剖点7、解剖点8）a 轴、c 轴中值粒径变化不大，b 轴中值粒径从解剖点5的13.93cm减少至解剖点7的6.06cm，绝对减少量7.87cm，相对减56%，整体变化趋势与砾石中值粒径相似。

扇中段（解剖点 10、解剖点 11）a 轴中值粒径从解剖点 8 的 22.63cm 减少至解剖点 11 的 19.7cm，绝对减少量 2.93cm，相对减少 13%；b 轴中值粒径从解剖点 8 的 8.57cm 减少至解剖点 11 的 8cm，绝对减少量 0.57cm，相对减少 6.7%；c 轴中值粒径相应地从 4cm 减少至 3.25cm，绝对减少量 0.75，相对减小量 18%。

从解剖点 3 至解剖点 11，扇上 2 段 a 轴中值粒径绝对减小量和相对减小量最大，说明砾石运动方式以绕 c 轴滚动为主，其次才是沿 ab 面滑动（图 4-18）；扇上 3 段 b 轴中值粒径绝对减小量最大，说明砾石运动方式以绕 a 轴滚动为主，水动力条件较扇上 2 段明显减弱；扇中段 a 轴绝对减小量最大，c 轴相对减小量最大，反映此时砾石运动方式以沿 ab 面滑动为主，水动力条件进一步减弱。

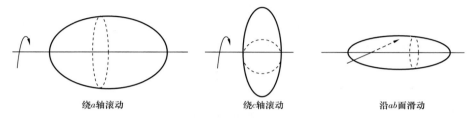

绕 a 轴滚动　　　　　　　绕 c 轴滚动　　　　　　　沿 ab 面滑动

图 4-18　清水河扇三角洲平原辫状河道内砾石滚动方式

（2）分选系数是反映水流强度均匀程度的参数，解剖点 3 到解剖点 11 河道砾石 a、b、c 轴分选系数具有如下特点（表 4-6）：

扇上 2 段 a 轴分选系数从解剖点 3 的 1.654 降低至解剖点 5 的 1.331；b 轴分选系数从解剖点 3 的 1.637 降低至解剖点 4 的 1.441，到解剖点 5 又上升至 1.761；解剖点 3 至解剖点 5，c 轴分选系数从 1.515 降低到 1.389。a 轴及 c 轴分选均随距离增加不断变好，b 轴分选系数无明显规律性变化，进一步说明水流对于 a 轴和 c 轴的作用较强，验证了砾石因绕 c 轴滚动及沿 ab 面滑动造成的 a 轴和 c 轴的机械磨蚀。

表 4-6　清水河扇三角洲平原各区带内河道砾石 a 轴、b 轴、c 轴中值粒径及分选系数

区带	扇上 2 段			扇上 3 段		扇中段	
点位	3	4	5	7	8	10	11
距出山口距离（km）	4.70	7.20	10.30	14.60	16.10	18.20	20.10
a 轴中值粒径（cm）	84.45	36.76	16.00	13.00	22.63	11.31	19.70
a 轴分选系数	1.654	1.502	1.331	1.439	1.403	1.350	1.369
b 轴中值粒径（cm）	18.38	13.00	13.93	6.06	8.57	6.06	8.00
b 轴分选系数	1.637	1.441	1.761	1.434	1.383	1.285	1.414
c 轴中值粒径（cm）	5.66	4.59	3.48	3.48	4.00	3.25	3.25
c 轴分选系数	1.515	1.461	1.389	1.443	1.468	1.354	1.414

扇上 3 段从解剖点 7 至解剖点 8，a 轴分选系数从 1.439 降低至 1.403，分选变好，但点 7 分选系数较大，分选差于解剖点 5；b 轴分选系数从 1.434 降低至 1.383，明显优于解

剖点5；c轴分选系数从1.443提升至1.468，高于点5分选系数。b轴分选相对变好，a轴分选明显变差，c轴分选相对变差，进一步验证砾石是以绕a轴滚动（图4-18），造成了以b轴为主的磨蚀。

扇中段从解剖点10到解剖点11，a轴分选系数范围1.35～1.369；b轴分选系数范围1.285～1.414；c轴分选系数范围1.354～1.414。b轴分选和c轴分选较扇中带和扇下带有明显变好的趋势，a轴分选相对扇下带具有变好的趋势。说明扇中段曾经河流比较发育，水动力条件稳定且水动力作用较强。

二、砾石中值砾径变化与搬运距离定量关系

砾石沉积搬运距离的变化反映了盆地边缘相带的迁移，同时也反映了物源区的远近变化（高志勇等，2016）。由清水河出山口下游4.6km（解剖点3）至清水河东大桥南8.3km（解剖点11），砾石搬运了15.3km左右，中值粒径从40.5cm减少至27.6cm，砾径减少了31.7%。对砾径变化值与沉积搬运距离进行了数据拟合，从而建立了清水河扇三角洲的砾径变化与沉积搬运距离关系式（图4-19）：

$$S=-32 \times \ln D+120.14 \tag{4-5}$$

式（4-5）反映了随着搬运距离增加，砾径不断减小。其中，S为砾石沉积搬运距离（与出山口之间距离），km；D为砾石的中值粒径，cm；系数 -32 反映了砾径纵向变化的速率，S与D呈负相关关系，式（4-5）为定量分析扇三角洲相中砾石沉积变化提供重要的分析参数。

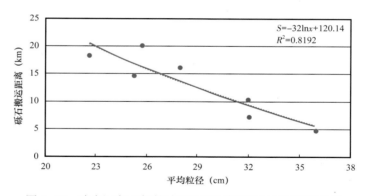

图4-19　清水河扇三角洲砾石平均中值粒径与搬运距离关系

三、沉积体表面坡度

结合遥感影像及遥感数字高程数据（DEM），对黄水沟冲积扇多个解剖点线路（图4-20a）和清水河扇三角洲多个解剖点线路剖面进行DEM取点（图4-20b），得到剖面线的高程曲线。从高程曲线可以看出，黄水沟冲积扇顶点高程为1321m左右，向下游逐渐降低，冲积扇扇端前部高程为1100m左右，扇体高程差221m，扇体表面整体坡度为0.70°。根据各点高程数据，计算黄水沟冲积扇的坡度，其中冲积扇顶点到区带一（点4）的坡度为1.22°，区带一（点4）到区带二（点6）的坡度0.68°，区带二（点6）到区带三（点8）的坡度增大，为0.91°（表4-7）。

清水河扇三角洲顶点高程为1385m左右，向下游逐渐降低，至扇体趾端高程为1049m左右，高程差336m，较黄水沟冲积扇更陡。根据各点高程数据，计算清水河扇三角洲的坡度，扇体表面整体坡度为0.56°。清水河扇三角洲顶点到测量点4的坡度为1°，测量点点4到测量点6的坡度1.1°，测量点6到测量点9的坡度降低，为0.69°。测量点9到测量点12的坡度迅速降低为0.16°，扇三角洲入湖处坡度继续降低至0.1°（表4-7）。

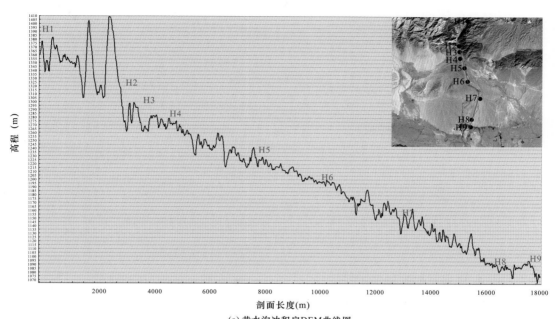

(a) 黄水沟冲积扇DEM曲线图

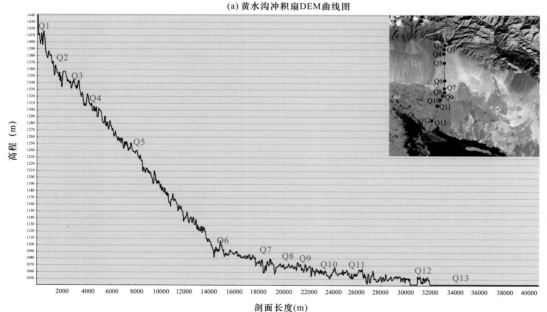

（b）清水河扇三角洲平原DEM曲线图

图4-20 黄水沟冲积扇与清水河扇三角洲剖面DEM高程曲线图

数字为测量点

表 4-7　黄水沟冲积扇与清水河扇三角洲平原段各区带坡度数据

相	剖面点	直线距离（m）	海拔/两点高差（m）	三角函数计算	计算沉积坡度（°）
黄水沟冲积扇	黄水沟收费站山间河	0	1410		
	黄水沟收费站（点2）冲积扇根顶点	7830	1321/89	$\sin\alpha=89/7830=0.011367$	$\alpha\approx0.65$
	收费站南2km（点4）扇中	1500	1289/32	$\sin\alpha=32/1500=0.021333$	$\alpha\approx1.22$
	铁道桥南（点6）扇中	5500	1224/65	$\sin\alpha=65/5500=0.011818$	$\alpha\approx0.68$
	省道桥南（点8）扇中—扇端	8000	1097/127	$\sin\alpha=127/8000=0.015875$	$\alpha\approx0.91$
清水河扇三角洲	山间河石桥	0	1684		
	清水河出山口（点2）根部顶点扇上1段	8680	1385/299	$\sin\alpha=299/8680=0.034447$	$\alpha\approx2.0$（坡度最大）
	出山口下游约5km（点4）扇上2段近端	5270	1292/93	$\sin\alpha=93/5270=0.0176471$	$\alpha\approx1.0$
	清水河大桥东（点6）扇上2段远端	6570	1163/129	$\sin\alpha=129/6570=0.019635$	$\alpha\approx1.1$
	石材厂南3km（点9）扇上3段	6930	1079/84	$\sin\alpha=84/6930=0.0121212$	$\alpha\approx0.69$
	石材厂南12.5km（点12）扇中段	7290	1058/21	$\sin\alpha=21/7290=0.002881$	$\alpha\approx0.16$
	扇三角洲与湖交互区扇下段	5430	1049/9	$\sin\alpha=9/5430=0.001657$	$\alpha\approx0.1$

通过野外勘察及坡度计算表明，扇三角洲平原上河流普遍开始分汊带附近高程降低幅度变小，至辫状分流河道带的河流汇合处高程突然下降后逐渐缓慢降低，但扇体整体坡度是向下游逐渐降低的。由此可知，在气候条件、构造背景相同的条件下，扇体的发育长度与坡度成反比关系，即扇体坡度小，半径大。黄水沟冲积扇整体坡度为0.70°，半径为17.5km左右，清水河扇三角洲，整体坡度为0.56°，半径为34.5km。

第五节　马兰红山扇三角洲砾径与沉积搬运距离关系

位于博斯腾湖北缘的茶汗通古河（乌什塔拉河），发源于哈依都他乌山系南麓冰川区，以降水补给为主、冰川冰雪融化水补给为辅的河流。茶汗通古河全长80.0km，出山口以上河流长50.0km（薛刚，2011），集水面积1017km²，出山口以下河流长30余千米，最终流入博斯腾湖，形成马兰红山扇三角洲沉积。

一、砾径变化与沉积搬运距离关系

沿乌什塔拉乡公路向北进入山间盆地，山间盆地内茶汗通古河辫状河道带宽约130m，河道内发育砾石与砂质沉积，植被较发育，砾石粗大，磨圆较好，呈次棱角—次圆状（图4-21a、b）。砾石成分较多，以花岗岩、花岗斑岩为主，少量脉石英、变质岩等

图 4-21 马兰红山扇三角洲平原砂砾质沉积特征

（a）山间盆地内辫状河沉积，向里上游；（b）山间盆地内辫状河大量粗大砾石沉积，左侧上游；（c）出山口石桥处扇三角洲平原辫状河道及辫状坝沉积，向里上游；（d）石桥处扇三角洲平原辫状河道内砾石沉积，砾石主要倾向于右侧上游方向；（e）高速路桥南扇三角洲平原辫状河道沉积，向里上游；（f）高速路桥南辫状河道内砂砾质正韵律沉积，左侧上游；（g）机场路附近扇三角洲平原辫状河道沉积，砾径变小，砂质沉积显著增多，向里上游；（h）机场路附近多期辫状河道砂砾质冲刷侵蚀，砾径明显减小，大量砂质沉积，右侧上游；（i）沙井子村西扇三角洲平原辫状河道砂砾质沉积，河道下切很弱，大量砂质沉积，向里上游；（j）沙井子村西辫状河道内砾径明显减小

（表4-8）。通过分析物源区和扇三角洲平原辫状河道内砾石成分，测量砾径，计算砾石的球度、扁度及平均砾径，并与沉积搬运距离进行对比（表4-8）可知，由上游山间河段平均砾径为30.34cm，降低至近湖区扇三角洲平原远端的3.83cm，沉积搬运距离为32.09km，平均砾径减少了87%左右，并向下游逐步演化为以砂质沉积为主。对表4-8中平均砾径变化值与沉积搬运距离进行了数据拟合，建立了马兰红山扇三角洲平原辫状河道内的平均砾径变化与沉积搬运距离关系式：

$$S=-12.55\ln D+50.426 \tag{4-6}$$

式中，S为砾石沉积搬运距离，km；D为平均砾径，cm；系数-12.55反映了平均砾径纵向变化的速率，S与D呈负相关关系，式（4-6）为定量分析扇三角洲平原辫状河道中砾石沉积变化提供重要的分析参数（图4-22）。

表4-8　马兰红山扇三角洲砾石沉积特征及搬运距离关系数据

河型	剖面位置	主要砾石成分	较多砾石成分	少量砾石成分	球度	扁度	平均砾径（$\bar{d}$）（cm）	倾向/倾角（°）	累计搬运距离（km）
物源区山间河	军博园（图4-21a、b）	混合岩	脉石英	花岗岩、细砂岩、大理岩	（0.46～0.82）/0.67	（1.14～4.67）/2.05	（7.83～73.38）/30.34	—	0
扇三角洲平原辫状河道	出山口	花岗岩、混合岩	暗色火山岩	细砂岩等	（0.34～1.14）/0.65	（0.22～5.86）/2.28	（4.16～141.88）/23.55	30/25	16.8
	出山口南2km	花岗岩、混合岩	暗色火山岩	细砂岩等	（0.16～1.00）/0.66	（1.00～12.25）/2.40	（2.01～80.82）/15.42	13/33	18.8
	出山口石桥处（图4-21c、d）	花岗岩、大理岩	混合岩砾石	砂岩、凝灰岩	（0.47～0.89）/0.63	（1.22～3.50）/2.19	（3.96～54.47）/9.89	—	21.15
	高速路桥南（图4-21e、f）	花岗岩、混合岩	暗色火山岩	细砂岩、大理岩等	（0.34～0.89）/0.67	（1.28～9.00）/2.21	（1.82～49.66）/10.05	39/24	23.66
	机场路（图4-21g、h）	花岗岩、混合岩	暗色火山岩	细砂岩、大理岩等	（0.45～0.98）/0.69	（1.08～4.67）/2.01	（1.82～8.43）/5.06	357/36	29.93
	沙井子村西（图4-21i、j）	花岗岩、混合岩	暗色火山岩	细砂岩、大理岩等	（0.49～0.93）/0.67	（0.64～4.00）/2.00	（1.43～7.88）/3.83	—	32.09

注：表中数值区间表示为（最小值～最大值）/平均值。

二、马兰红山扇三角洲表面降低梯度

对马兰红山扇三角洲沉积体系表面多个实际测量点的海拔高度，以前一测量点为基准的直线距离进行了测量，并计算出沉积体表面降低梯度，即沉积体表面每延伸1km所降低的高度差（Olariu和Bhattacharya，2006）。如表4-9所示，马兰红山扇三角洲平原由红山山间盆地至出山口扇根、高速路桥南扇三角洲平原辫状河道、金沙滩西北的风成沙丘直至金沙滩扇三角洲与湖交互区，梯度值分别为0.0431083、0.016、0.004018及0.000837。

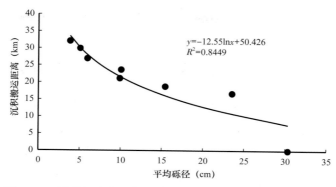

图 4-22　马兰红山扇三角洲平原平均砾径与沉积搬运距离关系

依据沉积体表面降低的梯度值（表 4-9），编制了梯度值与沉积距离关系图（图 4-23），由图 4-23 及表 4-9 可知，位于博斯腾湖北缘的马兰红山扇三角洲沉积体梯度值较高，沉积坡度由 2.5° 降低至 0.05°。其西部的黄水沟冲积扇沉积体梯度值较低，沉积坡度范围是 0.58°～0.76°（高志勇等，2019）。位于博斯腾湖西北缘的开都河河流三角洲沉积体梯度值最低，沉积坡度由 0.39° 降低至 0.02°（石雨昕等，2017）。由此可见，在博斯腾湖北缘，由西向东的河流三角洲相—冲积扇相—扇三角洲相的沉积坡度逐渐增大。

表 4-9　马兰红山扇三角洲沉积体系表面降低的梯度值

剖面点	红山山间盆地	茶汗通古河（乌什塔拉河）出山口水泥厂扇根	石桥处扇三角洲平原辫状河道	高速路桥南扇三角洲平原辫状河道	沙井子村西扇三角洲平原辫状河道	金沙滩西北风成沙丘	金沙滩扇三角洲与湖交互区
直线距离（m）	0	10694	4270	2250	8200	13690	2390
海拔/高差（m）	1726	1265/461	1207/58	1171/36	1109/62	1054/55	1052/2
三角函数计算梯度	—	$\sin\alpha=461/10694$ $=0.0431083$	$\sin\alpha=58/4270$ $=0.0135831$	$\sin\alpha=36/2250$ $=0.016$	$\sin\alpha=62/8200$ $=0.007561$	$\sin\alpha=55/13690$ $=0.004018$	$\sin\alpha=2/2390$ $=0.000837$
计算的沉积坡度（°）	—	$\alpha\approx2.5$	$\alpha\approx0.78$	$\alpha\approx0.90$	$\alpha\approx0.43$	$\alpha\approx0.24$	$\alpha\approx0.05$

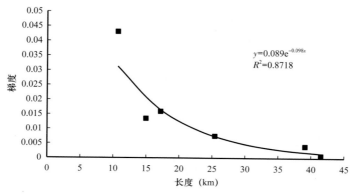

图 4-23　博斯腾湖北缘马兰红山扇三角洲平原表面降低的梯度与长度关系

参 考 文 献

鲍锋，董治宝，2014. 察尔汗盐湖沙漠沙丘沉积物粒度特征分析 [J]. 水土保持通报，34（6）：355-359.

陈戈，斯春松，张惠良，等，2013. 扇三角洲砂体几何形态沉积数值模拟方法研究 [J]. 地质学刊，37（2）：178-182.

程立华，陈世悦，吴胜和，等，2005. 断陷盆地陡坡带扇三角洲模拟及沉积动力学分析 [J]. 海洋地质与第四纪地质，25（4）：29-34.

德勒恰提，王威，王利，等，2012. 粒度分析在吉木萨尔凹陷梧桐沟组沉积相研究中的应用 [J]. 新疆大学学报（自然科学版），29（2）：142-149，253.

高亮，2010. 盆内低隆起区扇三角洲沉积及储层非均质性研究 [D]. 青岛：中国石油大学（华东）.

高志勇，石雨昕，冯佳睿，等，2019. 水系与构造复合作用下的冲积扇沉积演化——以南天山山前黄水沟冲积扇为例 [J]. 新疆石油地质，40（6）：638-648.

高志勇，周川闽，冯佳睿，等，2016. 中新生代天山隆升及其南北盆地分异与沉积环境演化 [J]. 沉积学报，34（3）：415-435.

宫清顺，黄革萍，倪国辉，等，2010. 准噶尔盆地乌尔禾油田百口泉组冲积扇沉积特征及油气勘探意义 [J]. 沉积学报，28（6）：1135-1144.

宫智凯，杨兴，2011. C—M 图在判别沉积环境中的应用 [J]. 科技创业家，（5）：166.

顾家裕，1984. 中国东部古代扇三角洲沉积 [J]. 石油与天然气地质，5（3）：236-245.

蒋明丽，2009. 粒度分析及其地质应用 [J]. 石油天然气学报，31（1）：161-163.

匡立春，唐勇，雷德文，等，2014. 准噶尔盆地玛湖凹陷斜坡区三叠系百口泉组扇控大面积岩性油藏勘探实践 [J]. 中国石油勘探，19（6）：14-19.

李秋媛，2010. 扇三角洲与近岸水下扇 [J]. 辽宁工程技术大学学报，29：141-142.

李文厚，林晋炎，袁明生，等，1996. 吐鲁番—哈密盆地的两种粗碎屑三角洲 [J]. 沉积学报，14（3）：113-120.

李秀鹏，2010. 三角洲沉积体系地震沉积学及其岩性油气藏成藏特征研究 [D]. 青岛：中国石油大学（华东）.

李应暹，1982. 辽河裂谷渐新世初期的扇三角洲 [J]. 石油勘探与开发，1（4）：17-23.

刘宝珺，余光明，陈成生，1990. 西藏日喀则地区第三系大竹卡组砾质扇三角洲—片状颗粒流沉积 [J]. 岩相古地理，（1）：1-11.

刘丽华，赵霞飞，1992. 克拉美利山南麓西大沟平地泉组砾质扇三角洲沉积 [J]. 新疆石油地质，（2）：149-159.

刘巍，2009. 闽南沿海晚第四纪环境演变与气候转型研究 [D]. 福州：福建师范大学.

吕志发，1990. 粒度曲线和参数序列综合分析及其在环境分析中的应用 [J]. 煤田地质与勘探，（2）：12-16.

庞军刚，杨友运，蒲秀刚，2011. 断陷湖盆扇三角洲、近岸水下扇及湖底扇的识别特征 [J]. 兰州大学学报，47（4）：18-23.

彭飚，金振奎，朱小二，等，2017. 扇三角洲沉积模式探讨：以准噶尔盆地玛北地区下三叠统百口泉组为例 [J]. 古地理学报，19（2）：315-325.

钱丽英，1990. 扇三角洲和辫状三角洲—两种不同类型的粗粒三角洲 [J]. 岩相古地理，（5）：55-62.

裘亦楠，肖敬修，薛培华，1982. 湖盆三角洲分类的探讨 [J]. 石油勘探与开发，1（1）：1-11.

冉新量，谢源源，2012. 黄水沟河与清水河枯水期下游河道水量损失分析 [J]. 黑龙江水利科技，40（3）：85-86.

盛和宜，1993.粒度分析在扇三角洲分类中的应用［J］.石油实验地质，15（2）：185-191.

石国平，矫革峰，1984.试论松辽盆地湖盆三角洲沉积类型［J］.石油实验地质，6（4）：279-286.

石雨昕，高志勇，周川闽，等，2017.新疆焉耆盆地开都河不同河型段砂砾质沉积特征与差异分析［J］.古地理学报，19（6）：1037-1048.

唐勇，徐洋，瞿建华，等，2014.玛湖凹陷百口泉组扇三角洲群特征及分布［J］.新疆石油地质，35（6）：628-635.

汪海滨，陈发虎，张家武，2002.黄土高原西部地区黄土粒度的环境指示意义［J］.中国沙漠，22（1）：21-26

王海林，田家祥，1994.不同类型三角洲特征探讨［J］.大庆石油学院学报，18（3）：134-139.

王衡鉴，曹文富，1983.松辽盆地白垩纪湖泊三角洲沉积［J］.大庆石油地质与开发，2（2）：91-100.

王寿庆，1986.双河扇三角洲沉积相及其模式［J］.新疆石油地质，7（3）：22-29.

吴胜和，熊琦华，1994.陡坡型和缓坡型扇三角洲及其油气储层意义［J］.石油学报，15：52-58.

薛刚，2011.乌什塔拉河水文特性分析［J］.水利科技与经济，17（8）：17-19.

薛良清，1991.扇三角洲、辫状河三角洲与三角洲体系的分类［J］.地质学报，（2）：141-151.

鄢继华，陈世悦，程立华，等，2009.湖平面变化对扇三角洲发育影响的模拟试验［J］.中国石油大学学报，33（6）：1-4.

鄢继华，陈世悦，程立华，2004.扇三角洲亚相定量划分的思考［J］.沉积学报，22（3）：443-447.

于兴河，瞿建华，谭程鹏，等，2014.玛湖凹陷百口泉组扇三角洲砾岩岩相及成因模式［J］.新疆石油地质，35（6）：619-627.

于兴河，王德发，孙志华，1995.湖泊辫状河三角洲岩相、层序特征及储层地质模型［J］.沉积学报，13（1）：48-57.

袁晓光，李维峰，张宝露，等，2015.玛北斜坡百口泉组沉积相与有利储层分布［J］.特种油气藏，22（4）：70-73.

张春生，刘忠保，施冬，等，2000.扇三角洲形成过程及演变规律［J］.沉积学报，18（4）：521-525.

张春生，刘忠保，施冬，等，2003.砂质扇三角洲沉积过程实验研究［J］.江汉石油学院学报，25（2）：1-3.

张金亮，王宝清，1996.我国含油气湖盆扇三角洲相模式［J］.地质论评，42：147-152.

张哨楠，王成善，余光明，1985.西雅尔岗地区晚白垩和老第三纪冲积扇及扇三角洲环境［J］.矿物岩石，5（3）：39-49.

朱筱敏，信荃麟，1994.湖泊扇三角洲的重要特性［J］.石油大学学报，18（3）：6-11.

邹妞妞，史基安，张大权，等，2015.准噶尔盆地西北缘玛北地区百口泉组扇三角洲沉积模式［J］.沉积学报，33（3）：607-614.

Alsaker E，Gabrielsen R H，Roca E，1996. The significance of the fracture pattern of the Late-Eocene Montserrat fan-delta，Catalan Coastal Ranges（NE Spain）［J］. Tectonophysics，266：465-491.

Brian K H，James G S，1996. Sedimentology of a lacustrine fan-deltasystem，Miocene Horse Camp Formation. Nevada USA［J］. Sedimentology，133-155.

Hoy R G，2003. Sedimentology and sequence stratigraphy of fan-delta and river-delta deposystems，Pennsylvanian Minturn Formation，Colorado［J］. AAPG Bulletin，87（7）：1169-1191.

McConnico T S，Bassett K N，2007. Gravelly Gilbert-type fan delta on the Conway Coast，New Zealand：foreset depositional processes clast imbrication［J］. Sedimentary Geology，198：147-166.

Olariu C，Bhattacharya J P，2006. Terminal distributary channels and delta front architecture of river-dominated delta systems ［J］. Journal of Sedimentary Research，76：212-233.

Ricketts B D，Evenchick C，2007. Evidence of different contractional styles along foredeep margins provided by Gilbert deltas：examples from Bowser Basin，British Columbia，Canada［J］. Bulletin of Canadian Petroleum Geology，55（4）：243-261.

Sohn Y K，2000a . Coarse-grained debris-bow deposits in the Miocene fan-deltas，SE Korea：a scaling analysis［J］. Sedimentary Geology，130：45-64.

Sohn Y K，2000b . Depositional processes of submarine debris flows in the miocene fan deltas. Plhang Basin，SE Korea with special reference to flow transformation［J］. Journal of sedimentary research，70（3）：491-503.

Tamura T，Masuda F，2003. Shallow-marine fan delta slope deposits with large-scale cross-stratification：the Plio-PleistoceneZaimokuzawa formation in the Ishikari Hills.northern Japan［J］. Sedimentary Geology，158：195-207.

第五章 博斯腾湖湖相沉积与南缘风成沙丘特征

博斯腾湖是我国最大的内陆淡水湖泊，距博湖县城 14km，东西长 55km，南北宽 25km，略呈三角形，其中大湖面积 988km²，西南部的小湖区由 16 个小湖泊组成，大小湖总面积为 1228km²。该湖是一个吞吐型的湖泊，多年平均入湖径流量为 26.8×10⁸m³。湖水经西南部的孔雀河排出，平均每年出流量为 12.5×10⁸m³，蓄水量 99×10⁸m³。本章对博斯腾湖湖相沉积物的沉积速率、滨湖带沉积物特征、南岸滩坝与风成沙丘等沉积特征进行了分析，为西部现代湖盆滩坝与风成沙丘等沉积特征的认识提供了实例。

第一节 博斯腾湖湖相沉积物特征

一、博斯腾湖矿化度特征

近些年由于湖面缩小，湖水矿化度逐年升高，现今已演变成一个微咸水湖泊（图 5-1）。博斯腾湖在 20 世纪 60 年代之前曾是我国最大的内陆淡水湖。1958 年中国科学院新疆综合考察队至湖泊采集水样分析，孔雀河河源干残余物为 0.39g/L。1975 年新疆荒地考察队对湖泊又一次实地监测，其平均矿化度（离子总量）已增至 1.44g/L，博斯腾湖已由淡水湖演变为微咸水湖。至 1980 年起，已有较多单位相继对博斯腾湖水质进行监

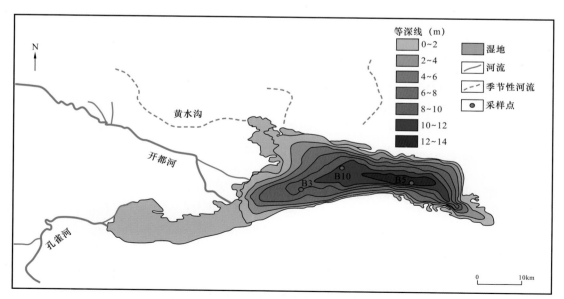

图 5-1 博斯腾湖湖水等深线（据于志同等，2019）

测（表 5-1）。博斯腾湖从淡水湖渐变成微咸水湖，其影响因素甚多，诸如大、小湖分化、降水量、蒸发量、农业排入湖泊水量的增多、焉耆盆地农业用水量等均属此类。根据资料分析，导致博斯腾湖矿化度变化的最主要的原因，当首推农业排入博斯腾湖的总盐量。进入博斯腾湖的总盐量由 1958 年的 75×10^4t 增至目前的 210×10^4t，其中，农业排盐量为 120×10^4t，这也是导致湖泊矿化度升高的最主要的原因之一。1998 年以来，开都河水量大幅度增加，出入博斯腾湖的水量已达到了 20 世纪 50 年代末期的水平。然而，由于总进入博斯腾湖的盐量过高，使得湖内的总盐量并未因入湖水量的增多而有所下降（李宇安等，2003）。

表 5-1　博斯腾湖水质历年平均矿化度监测成果表（据李宇安等，2003）　（单位：g/L）

年份	1975	1980	1981	1982	1983	1984	1985	1986
矿化度	1.44	1.72	1.80	—	1.84	1.83	1.81	1.76
年份	1987	1988	1989	1990	1991	1992	1993	1994
矿化度	1.80	1.84	1.73	1.64	1.69	1.52	1.59	1.51
年份	1995	1996	1997	1998	1999	2000	2001	2002
矿化度	1.48	1.40	1.31	1.37	1.27	1.19	1.20	1.17

二、碳沉积物反映的沉积速率

博斯腾湖 1950 年以来沉积物碳埋藏与流域温度和人类活动（土地利用变化和营养盐的输入）有关，考虑到博斯腾湖水域面积广大、湖区内部差异性等因素，于志同等（2019）在大湖区内西南、西北和东部水域选取了 3 个柱状钻孔岩心（图 5-1）进行常规指标分析（磁化率、粒度、有机碳、无机碳及其稳定同位素等），基于多指标分析其环境指示意义，对博斯腾湖碳沉积环境的时空变化进行综合探讨。3 个孔位的复合模式年代及沉积速率，在空间上表现出了一定的差异性（图 5-2），即 B3 岩心，1890 年以来沉积速率逐步升高；B5 岩心，1870—1950 年沉积速率基本处于一个较低的平稳状态，1950—2000 年沉积速率快速升高，2000 年以来沉积速率不断下降；B10 岩心，1860—1940 年沉积速率升高较快，1940—1960 年又出现下降，而 1960 年以来呈现出稳步上升的趋势。总体来看，B3、B5 和 B10 等 3 个钻孔近百年以来，沉积速率表现出升高的趋势，尤其是 1960—2000 年最为明显（于志同等，2019）。

三、滨湖带沉积物特征

罗兰等（2016）在博斯腾湖西岸滨湖带选取人为活动影响较小的土壤剖面进行分析，该剖面位于焉耆县六十户村六队的一片荒地（42°08′33″N；86°39′60″E），剖面厚度为3.15m。根据其剖面沉积特征的野外观察，可将剖面由上而下分为 6 层（表 5-2）。该剖面黏土含量平均值为 21.25%；粉砂含量平均值为 66.98%；砂含量平均值为 11.76%，总体来说，属黏土质粉砂。剖面的粒度以小于 63μm 的粉砂和黏土为主，其含量占 90% 以上。中值粒径平均值为 22.38μm，最小中值粒径为 4.26μm，最大中值粒径值为 149.76μm。

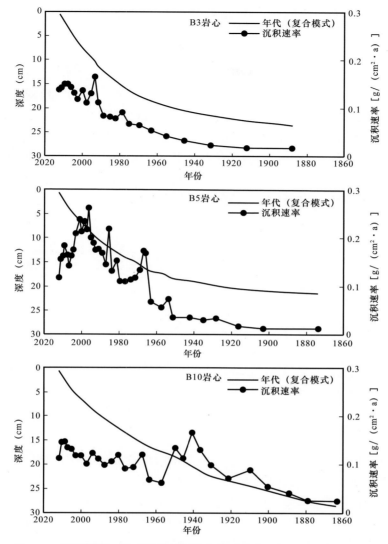

图 5-2　博斯腾湖 3 个采样点的年份和沉积速率（据于志同等，2019）

左侧纵坐标表示湖底表层沉积物的深度（水面下沉积物的厚度）对应的年代曲线，即表层沉积物对应的深度所对应的年份。年代（复合模式）曲线是通过参考文献中的复合模式计算出来的

表 5-2　博斯腾湖西岸滨湖带剖面沉积物特征（据罗兰等，2016，修改）

分层	深度（cm）	沉积物特征
A	0～25	盐碱化程度较高，块状构造，见白色氯化钠晶体
B	25～107	块状构造，疏松，大量植物根系
C	107～181	砂泥质，沉积构造不清晰，土壤中含水分少，有较多植物根系
D	181～250	疏松，砂质含量高，有机质含量少，有少量植物根系
E	250～291	片状结构，偏棕色，有机质含量高，见部分铁质，土壤中水分含量较高，有少量植物根系
F	291～315	片状结构，青灰色，有铁质，水分含量较高

磁化率反映的是样品中磁性矿物的富集程度，由于所测的低频磁化率（X_{lf}）与高频磁化率（X_{hf}）变化趋势一致，故采用X_{lf}值作为磁化率值进行分析。博斯腾湖西岸滨湖带沉积物剖面磁化率与粒度各参数变化具有以下特征（图5-3）（罗兰等，2016）：

（1）A层到B层（0～107cm）是表层土至表层以下的过渡层。此两层的磁化率波动较大，SP颗粒含量最高。根据前人对土壤剖面的研究发现，表层土壤磁性特征与底层磁性特征有很大差别，其原因可能是成土过程或者是铁细菌等生物作用新生成磁性矿物的原因。该剖面表层土壤盐碱化程度很高，但生长有黑刺、芦苇、柽柳、骆驼刺、蓟、白刺等植物，植被盖度约50%。分析可能由于植物生长过程中与土壤生物作用，导致土壤中原生磁性矿物颗粒的种类、性质发生变化，原生磁性矿物的减少和次生磁性矿物增多，加之磁性颗粒的分解导致超顺磁颗粒增多。由于生物过程的复杂性，磁性特征随深度变化波动较大。

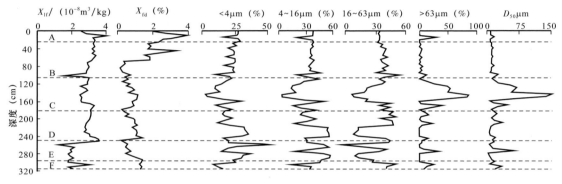

图5-3　博斯腾湖沉积剖面低频磁化率（X_{lf}）、频率磁化率（X_{fd}）及粒度各参数变化

（2）C层到D层（107～250cm）的磁性磁参数变化相对平缓，磁化率和频率磁化率变化都不大。此两层的剖面土壤中均含有骆驼刺、红柳等植物的根系。C层植物根系分布多于D层，但整体土壤结构差，该层成土过程较107cm以上相对弱。这两层的土壤中磁性矿物颗粒来源相似，受生物作用小，因此磁化率和频率磁化率随深度变化起伏不大。磁化率值和不同粒级相关性不太一致，饱和等温剩磁在C层、D层存在相似的随深度由减小到增大的趋势，粒度分布在这两层也有较大波动起伏，C层中大于63μm的砂含量明显增多。因此这两层的磁性特征的变化可能主要受磁性矿物晶体粒度影响，但磁性参数与粒度分布之间更准确的关系有待结合矿物组成等指标进一步探究。

（3）E层到F层（250～315cm）的磁性特征和粒度特征都与D层存在显著差异。各磁性参数的变化波动变得比较明显。粒度组分的变化也呈现明显波动。磁化率与16～63μm颗粒存在显著相关关系，并且都呈下降趋势。说明主导该层样品磁学性质的矿物主要来自该粒度区间的粗粉砂。该剖面距博斯腾湖湖岸最近12km。F层为青灰色黏土，且在土壤中发现有泥球和螺壳，为明显的湖相沉积。因此，推测E层、F层的磁学性质和粒度主要受湖泊沉积过程影响。随气候条件变化，博斯腾湖开始收缩，E层、F层以上部分为湖泊收缩后湖岸带长时间堆积的沉积物。由于湖滨沉积环境的复杂性，磁化率与粒度分级的相关关系不是很明显。

影响湖泊沉积物磁性特征的主要因素有磁性来源、沉积动力以及沉积后磁性矿物的次生变化等。在安徽巢湖等现代沉积物的磁化率和粒度相关关系研究认为，沉积物磁化率升高时，细粒代表当时水动力条件较强，环境较为湿润；而较低的磁化率则表示当时较为干旱的环境条件。相应地，粗粒沉积物指示湖泊收缩、湖水较浅的干旱气候环境，细粒沉积物则指示湖泊扩张、湖水较深的湿润气候环境。结合图5-3所反映的博斯腾湖沉积物磁化率与粒度的变化可以发现，250cm深度以下的湖相沉积部分磁化率主要由粗颗粒所贡献。其磁化率和粒度组分变化波动均比较明显，X_{1f}在该时期整体呈现下降趋势，相同时期的小于4μm的黏土含量减少，而4～63μm的粉砂增多，反映细颗粒减少，粗颗粒的增多。1810年以前，博斯腾湖处于较湿润的环境中，此后，博斯腾湖流域又经历了气候变干、蒸发作用增强的转变；前人对博斯腾湖近50年来的气候变化及水位变化研究发现，博斯腾湖的水位整体呈下降趋势，湖泊处于萎缩状态中。结合该剖面厚度3.15m可以推断，250cm以下湖相沉积物反映的是气候环境由湿润到干旱的变化过程，这期间博斯腾湖水动力减弱，湖面缩小。磁性特征和粒度分布的波动反映湖泊收缩过程中存在水动力的差别。整个剖面反映了博斯腾湖在湿润期湖水波动变化并随气候变干旱而收缩，沉积物在湖岸堆积至今的过程（罗兰等，2016）。

四、南岸滩坝沉积特征

博斯腾湖南岸发育大面积滨湖滩坝沉积，特别是在南岸的扬水站及其以东地区，风将大量砂质搬运至湖水内，湖流作用将大量砂质沉积物改造成滩坝分布于博斯腾湖南岸区。

1. 滩坝沉积识别标志

滩坝砂体是滩砂和坝砂的总称，在滨浅湖区广泛发育。滩（beach）与坝（bar）是两个不同的概念，前者是在波浪作用（waves）下形成的与岸线平行、席状展布的沉积体，其向陆一侧与海（湖）岸相连；后者是指在沿岸流（littoral currents）作用下沉积于岸线拐弯处的沉积体，与海（湖）岸之间有水体相间，其形成常由沙嘴开始。从空间位置看，滩砂多形成于海（湖）岸线向陆地凹进或平缓地带，分布面积大；坝砂往往在海（湖）岸线凸出位置发育，一端与陆地相连，另一端向海（湖）内延伸（王菁等，2019）。

王菁等（2019）通过对现代青海湖滩坝研究后认为，低角度冲洗交错层理、反粒序（滩）、正粒序（坝）以及不含泥质等特征是识别滩坝砂体的典型标志（图5-4，表5-3）。滩砂由双向流（波浪）作用下形成，坝砂主要为定向流（湖流）作用下形成；从沉积序列上看，滩砂在纵向上常表现为"A、B、C"三个沉积段的有序叠加，其中A段为砾石沉积，分选好，常为反粒序；B段为粗砂沉积，分选中等—好，常为反粒序；C段以粗砾石级沉积为主，分选差—中等，有时为反粒序，有时为正粒序。滩砂中的"ABC"沉积段分别对应冲流带、回流带及破浪带沉积（图5-5）。坝砂在纵向上常表现为多个正粒序段的叠加，常夹有潟湖泥质沉积（图5-4b），坝砂与滩砂常常叠加共生或相互毗邻。

物源—水动力—湖盆底形—湖岸线—湖平面（基准面）是决定青海湖滩坝是否发育（形成＋保存）的主控因素，其中物源为滩坝形成提供了物质基础，水动力为沉积物改造及滩坝形成提供了源动力，湖盆底形与湖岸线决定了滩坝形成的平面位置与规模范围，湖平面（基准面）的升降变化决定了已形成滩坝沉积保存与否的地质命运。

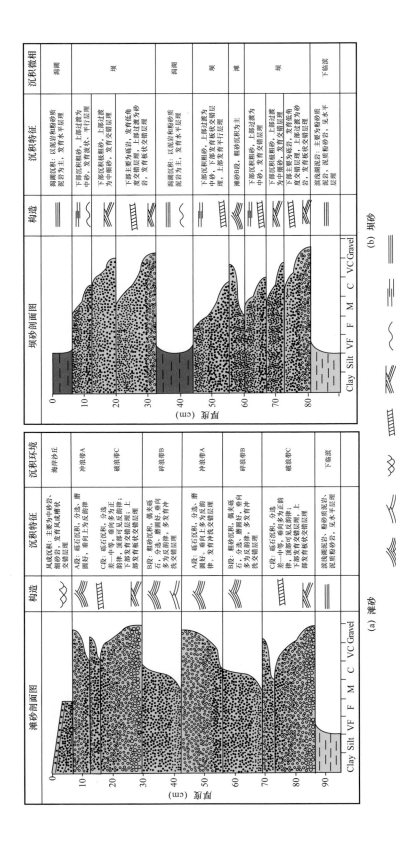

图 5-4 青海湖砂砾质滩砂（a）与坝砂（b）沉积序列（据王菁等，2019）

表 5-3 青海湖滨浅湖滩坝砂体综合识别标志一览表（据王菁等，2019，修改）

砂体类型	沉积环境	分布位置	水动力特点	沉积作用	岩性	厚度	沉积构造	韵律特征	泥质含量	分选性	磨圆度	几何形态	接触关系
滩坝（滩）	临滨	湖岸线向陆地凹进	受湖浪作用（双向流）	三角洲、扇三角洲等近岸砂体经近岸波浪和湖流的重新改造、再分配而成	砾质滩坝：以砾石和粗砂为主；砂质滩坝：以粗砂和细砂为主	单砂层厚度薄：单期厚度2～3m，多期复合厚度达10m以上	低角度冲洗交错层理	反韵律	泥质少	好	较好	平行岸线呈排呈带状展布	底部平整无冲刷，无滞留沉积
滩坝（坝）	临滨	湖岸线较陆地凸出	受湖流作用（单向流）			单砂层厚度大	平行层理、波状层理和小型交错层理	正韵律	泥质少	中等		长条状展布，与陆地相连	底部突变有冲刷面
水下分流河道	三角洲前缘	陆上分流河道的水下延伸	受河流作用为主（单向流）	以重力分异的方式沉积	以砂砾为主，泥质极少	单层厚度较大，主河道部位单期厚度与5m左右	交错层理、波状层理、冲刷充填构造	正韵律	含泥质	中等—好	较好	条带状延伸，横向变化快，垂直流向剖面呈透镜状	底部突变有冲刷面
河口坝	三角洲前缘	河口坝前较远部位	受河流、湖浪、湖流作用（单向＋双向流）	受重力和湖水顶托凝聚作用堆积而成	由砂和粉砂组成	单层厚度中—厚	平行层理、波状层理、浪成波痕	反韵律	含少量泥质	中等—好	较好	长轴方向与河道平行，呈拉长状，桃心形、横剖面透镜状底平顶凸	底部渐变，顶部突变
远砂坝	三角洲前缘	河口坝前较远部位	受河流、湖浪、湖流作用（单向＋双向流）	受重力和湖水顶托凝聚作用堆积而成	以细砂为主，含少量泥质粉砂	单层厚度中	小型板状交错层理、浪成波痕、冲刷—充填构造	反韵律	含少量泥质	中等—好	较好	横剖面透镜状，底平顶凸	底部突变，有小型冲刷面
席状砂		三角洲前缘最远端	受湖浪作用（双向流）	受波浪和沿岸流作用，侧向迁移堆积而成	粉砂岩和泥质粉砂岩	厚度较小，一般小于2m	交错层理、平行层理、沙纹层理、波状层理	反韵律或韵律不明显	含少量泥质	好	好	薄层平面分布	分布稳定，多为平整状，顶底界面多突变

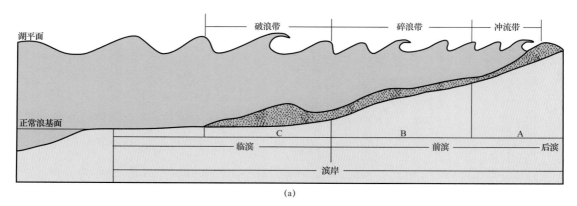

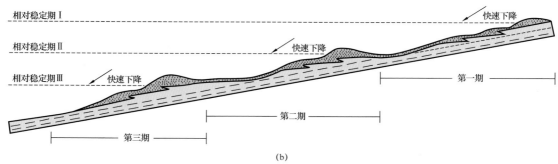

图 5-5　青海湖滨岸滩坝形成过程水动力模式（据王菁等，2019）

（a）湖平面稳定时期（某一期）滨岸带滩坝形成模式；（b）湖平面下降与数排并列滩坝（多期）形成过程模式。A. 冲流带，砾石沉积，分选好，垂向上多为反粒序；B. 碎浪带，粗砂沉积，偶夹砾石，分选好，垂向多为反粒序；C. 破浪带，粗砾石沉积，分选差—中等，垂向正反粒序兼有

2. 滩坝沉积特征

博斯腾湖南岸扬水站至东部的海心山—月亮湾地区发育大面积的湖滩与坝体沉积（图 5-6）。扬水站东地区湖滩海拔约 1052m，湖滩宽 440～600m，斜列坝宽约 1000m。白鹭洲地区湖滩海拔 1052m，湖滩宽 300～800m（图 5-6a）。斜列坝宽约 1100m，斜列坝受西风影响，坝体向北东方向延伸，呈鱼翅状，窄处 430m，宽处为 1100m 左右（图 5-6c）。月亮湾地区发育多个孤立坝、斜列坝，孤立坝个体大（图 5-6b、f），尺寸一般大于 1000m×2000m。孤立坝海拔 1076～1105m，高出湖面达 20～50 多米。斜列坝受湖流、风影响大，坝体受湖水改造后，宽 300～900m（图 5-6）。湖岸边滨湖区与沙丘交互，主要为细沙质沉积的块状构造，可见交错层理等。湖滩砂质顶部也有薄层深灰色泥质分布，厚 10cm 左右。

第二节　博斯腾湖南缘风成沙丘沉积特征

位于亚洲内陆的塔里木盆地是全球风沙活动最强烈的地区之一，然而该区域历史时期高分辨率的风沙活动记录比较缺少。博斯腾湖作为内陆淡水湖，东南角湖区三面为沙丘包围，远离河流影响，风成沙丘沉积发育（周刚平等，2019）。

图 5-6　博斯腾湖南岸滨湖滩坝沉积特征

（a）白鹭洲地区湖滩与风成沙丘沉积；（b）月亮湾地区湖滩与风成沙丘沉积；（c）白鹭洲地区斜列坝沉积，植被发育；
（d）白鹭洲湖滩沉积，除砂质外还有泥质及植被发育；（e）白鹭洲地区湖滩砂质以中细砂质为主；（f）月亮湾地区孤立
坝（沙丘岛）与湖滩沉积

一、风沙活动历史与机制

　　周刚平等（2019）以博斯腾湖东南角钻取的长 2.07m 沉积岩心为研究对象（图 5-7），基于 AMS ^{14}C 年代学框架，利用粒级—标准偏差模型和端元分析模型，提取钻孔沉积物中对环境变化敏感的粒度组分。近 2000 年来博斯腾湖南岸地区风沙活动指标 EM2+EM3（图 5-7a）和组分 2（>19.35μm，图 5-7b）含量整体波动较大，显示该地区风沙活动强弱变化明显。重建结果表明 70AD 以来，风沙活动历史大致分为 5 个阶段：280—410AD 和 1320—1800AD 时段风沙组分含量最高，指示这两段时期风沙活动频繁且强度最大；410—1320AD 风沙组分含量整体处于近 2000 年的最低值，说明该时段风沙活动发生频率最低、强度最小；而 70—280AD 和 1800AD 以来这两个时段风沙组分含量介于最强与最弱两个时段，变化波动小，风沙活动整体表现较弱。

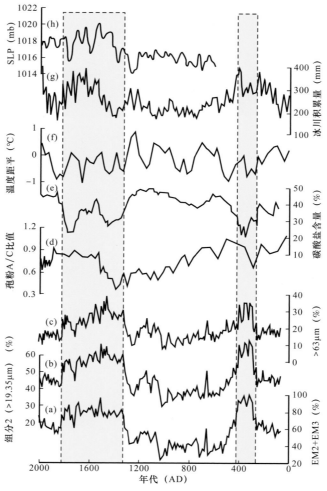

图 5-7　重建的博斯腾湖近 2000 年来风沙活动历史（阴影部分为强风沙活动时期）与其他环境变化数据进行对比（据周刚平等，2019）

（a）、（b）博斯腾湖风沙活动重建记录；（c）博斯腾湖岩心>63μm 颗粒百分含量；（d）博斯腾湖 H 孔孢粉 A/C 比值（孢粉蒿属/藜科比值）；（e）博斯腾湖 BH08B 孔的碳酸盐含量；（f）冬半年温度距平；（g）古里雅冰川积累量；（h）西伯利亚高压强度风沙活动受风力和源区水文、植被条件状况的影响，其强弱反映了不同时期的气候环境变化。70—280AD，钻孔孢粉 A/C 值（图 5-7d）和碳酸盐含量（图 5-7e）均呈现降低趋势，指示此时气候由暖向冷转变，风沙活动组分含量在此阶段相对增加，指示风沙活动呈增强趋势，但整体为较弱风沙活动时期。在 280—410 AD 时期孢粉 A/C 值（图 5-7d）和碳酸盐含量（图 5-7e）均处于最低时段，气温较低，风沙活动组分含量达到峰值，指示该时期为高频率、高强度风沙活动。同样冬半年温度距平（图 5-7f）和位于新疆干旱区南部、青藏高原边缘山地的古里雅冰川积累量（图 5-7g）均显示在 280—410AD 时段（魏晋南北朝时期）为低值区，指示为明显的冷干气候。410—1320AD，碳酸盐含量（图 5-7e）和冬半年温度距平（图 5-7f）整体在较高值范围波动变化，孢粉 A/C 值（图 5-7d）持续降低，古里雅冰川积累量总体也处于较低水平，说明博斯腾湖区域此阶段气候以温干为主。其中，此阶段中 1000—1300AD 为中世纪气候异常期，而此时碳酸盐含量达到最大值，而沉积物风沙组分在此段含量最低，表明在温暖的背景下区域风沙活动表现为最弱态势。1320—1800AD 大致处在小冰期阶段，孢粉 A/C 值（图 5-7d）呈增加趋势，碳酸盐含量迅速降低，反映了冷湿的气候条件，这与大多数学者研究亚洲内陆干旱区小冰期阶段以湿润为主的结论相符合。此时段博斯腾湖风沙组分含量最高，指示此时段风沙活动最强，这与亚洲内陆的大多数记录一致。1800AD 以来各项古气候指标均显示较小冰期而言均出现明显的波动，气候由冷湿转向暖湿，风沙组分含量减少，说明风沙活动处于较弱态势。

博斯腾湖近 2000 年的风沙活动最强时段（280—410AD，1320—1800AD）对应的气候背景分别出现在冷干、冷湿，而较暖干时期（410—1320AD）和暖湿（1800AD 以来）风沙活动却较弱。可见，气温和降水对博斯腾湖地区风沙的发生所起的作用是不一致的，两次最强风沙活动时段，均发生在冷的气温背景。然而干湿变化对风沙活动的发生并没有表现出一致性，暖干、暖湿的气候背景对应弱的风沙活动。因此，认为温度可能对博斯腾湖地区的风沙活动起重要作用。前人研究显示，风沙活动增强与降水偏少、气候变干有关，在偏干的气候背景下，地表的含水量减少，植被的盖度降低，土壤固结程度变差，增加了沙源，最终促使了风沙活动频发，这种解释在半湿润—半干旱地区是合理的，降水可能成为风沙活动的主控因素。然而，对于区域降水稀少、气候干旱、植被稀疏的沙漠或沙丘地带，少量的降水趋势很难改变植被状况。

另外，风沙活动与西伯利亚高压强度（图 5-7h）具有很好的一致性，风沙活动强的小冰期（1320—1800AD），西伯利亚高压强度较强，而弱风沙活动时期（410—1320AD），西伯利亚高压强度则较弱。西伯利亚高压又与近地面风力大小具有很好的一致性，博斯腾湖湖区周围由于沙源物质丰富，风力则是主要的限制因素，而风力间接受到温度的影响。气候变冷，西伯利亚高压势力增强，锋面活动频繁，大风天气增加，促使干旱区风沙活动多发。因此，研究点在小冰期和魏晋南北朝冷期出现的强风沙活动与低温导致的西伯利亚高压势力增强有关（周刚平等，2019）。

二、区域风沙活动历史对比

对比分析中亚、青藏高原、中国北方和中国东部等多个风沙活动或粉尘记录发现，风沙活动与尘暴发生存在大范围的相似性（图 5-8）。对于 280—410AD 这一强风沙活动时期，历史记载重建的温度记录显示该时段是过去 2000 年来唯一一个可以与小冰期相比拟的寒冷气候阶段。在博斯腾湖（图5-8a、b）、咸海（图5-8c）、苏干湖（图5-8d）、尘暴指数（图5-8e）和孓海（图5-8f）在280—410AD同时都记录了强风沙活动。然后各风沙活动记录也存在一定差异，并可以看出此阶段中亚和新疆记录的风沙活动要强于青藏高原地区，而东部地区对于这一时段强风沙活动没有体现（图5-8g、h），可能与魏晋南北朝这一时期国家动荡、历史文献记录资料有限有关。各项尘暴记录显示，400—1300AD总体上表现为较弱尘暴时段，苏干湖还记录了13世纪的一次风沙活动事件，可能与中世纪暖期中的寒冷事件有关；而德令哈孓海所记录的尘暴事件发生时间与其他记录存在差异，可能与^{14}C年代碳库校正有关。而对于小冰期各区域记录风沙活动的开始时间存在着一定的差异，总体而言，青藏高原风沙活动的启动时间要早于新疆、中亚和中国东部地区。新疆的风沙活动的演化历史与中亚咸海的记录更为相似，虽然风沙活动具有区域的差异性与特殊性，但都很好地响应了气温的变化（周刚平等，2019）。

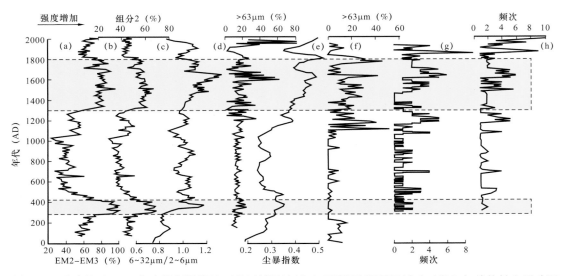

图5-8　重建的近2000年来博斯腾湖地区的区域风沙活动（阴影为强风沙活动时期）与其他粉尘活动记录的对比（据周刚平等，2019）

（a）、（b）博斯腾湖尘暴记录；（c）咸海粒度组分比值；（d）苏干湖尘暴代用指标；（e）尘暴指数重建；（f）孓海（德令哈）尘暴代用指标；（g）历史时期雨土频次；（h）中国北方降尘频次

三、南缘风成沙丘沉积特征

1. 风成沉积作用机制

新疆的沙漠位于北半球中纬地区，其高空气流终年受北半球西风带而不是副热带高压影响，近地面气流在冬、春季节主要受东亚冬季风影响，是典型的非地带性沙漠或"温带沙漠"（朱秉启等，2013）。中国西北部晚新生代的气候状况逐渐由湿变干，主要归因于青藏高原隆升等构造活动引起的大气环流的改变。研究证明，7—5Ma以来是中亚造山带发生构造复活的重要时期，塔里木、准噶尔盆地同期开始了类似现今的干旱环境。新疆广泛分布的沙漠，是在海陆对比差异显著、周边地体差异性隆升加剧雨影区的气候干旱、盆—山系统中的构造剥蚀、水系变迁与河流侵蚀、物质循环等自然条件作用下，长期发展演变

而形成（朱秉启等，2013）。

中国干旱、半干旱地区的湖泊还高分辨率地记录了近15ka BP以来中国东西部区域的气候变化差异，主要体现在高湖面的两种波动形式上。一种是以中国中东部地区的岱海、呼伦湖、达里湖和班公湖为代表的中国季风区高湖面的变化，另一种则是新疆巴里坤湖、西昆仑湖泊、博斯腾湖、乌伦古湖等西风区为代表的另一种演变形式。西风区高湖面的出现大都与气候的寒冷期对应，而季风区此时的湖面是下降的，高湖面则都出现于各暖期之中；西风主控型的气候演化模式导致新疆沙漠的演变（朱秉启等，2013）。

风是塑造地貌形态的基本营力之一，是近地层土壤风蚀和沙尘运移的主要动力基础。博斯腾湖流域年平均风速较小，一般为1.6~3.0m/s；有效起沙风作用时间存在明显的区域差异，其中巴音布鲁克起沙风天数占全年总天数的55.59%，焉耆、轮台、巴音郭楞及和静分别为18.75%、12.72%、11.48%、11.23%，其余各站均低于10%；随着风速等级的增加，起沙风出现的频率相应减少，基本上都集中在6.1~10.0m/s（刘强吉等，2015）。

2. 风成沙丘沉积特征

博斯腾湖南岸扬水站东地区，风成沙丘上的沙波成分主要为中砂质，少量细砂质。暗色矿物（密度大）多分布在波峰处，浅色矿物分布在波谷处，风成沙丘中明显的交错层理沉积，沙丘上植被发育。此处规模较大沙丘海拔1079~1112m，由湖边至距湖岸线约6km变化，沙丘高出湖面达60m。白鹭洲地区发育规模较大沙丘，由湖边至距湖岸线约5km内变化，沙丘高出湖面大于100m。月亮湾地区风成沙丘发育，湖岸边滨湖区与沙丘交互，主要为细砂质，块状构造为主，可见交错层理等（图5-9）。分析博斯腾湖南岸风成沙丘发育，沙源类型主要来自博斯腾湖南缘库鲁克塔格山等提供的物源，概括地归纳为：（1）古河流的冲积物；（2）现代河流冲积物；（3）洪积—冲积物；（4）冲积—湖积物；（5）基岩风化的残积—坡积物；（6）近代湖泊沼泽地沉积物等（朱秉启等，2013）。

分析风成沙丘的形成，主要是由于沿盆地长轴方向西北端的季风盛行，暴露在地表的松散沙粒经风的作用，吹扬起来并向东南方向输送，在受到湖盆南部、东部等高山阻挡后沙粒便停落下来，从而造成风成沙堆积，形成规模宏大的风成沉积体系（师永民等，2008）。风成砂堆积外貌呈新月形或链状金字塔形沙丘与沙山。博斯腾湖南缘风成沙丘沉积不同于沙漠环境下的沉积，其沉积总面积约占盆地总面积的1/10，集中分布在湖南岸和东岸滨湖平原带上。

第三节　南缘湖滩与风成沙丘碎屑组分和粒度特征

一、碎屑组分特征

针对博斯腾湖南岸湖滩及风成沙丘沉积物进行了样品采集，并依据《沉积岩中黏土矿物和常见非黏土矿物X射线衍射分析方法》（SY/T 5163—2010）标准，使用Rigaku型号为D/max—2500和TTR衍射分析仪对不同沉积环境的砂质进行了碎屑组分种类与含量分析（表5-4）。由湖滩与风成沙丘碎屑组分含量对比来看，湖滩沉积物中石英含量明显偏高，其余碎屑矿物含量差异不明显。

图 5-9　博斯腾湖南岸风成沙丘沉积特征

（a）博斯腾湖南岸大规模风成沙丘发育，图片来自网络 http//www.xjtvs.com.cn/hy/sy/tp/index_2.shtml；（b）扬水站东湖滩、侧向坝、风成沙丘发育；（c）风成沙丘发育大型交错层理；（d）白鹭洲地区风成沙丘沉积；（e）风成沙丘中的中细砂质沉积；（f）、（g）湖滩与风成沙丘交互区，以中细砂质沉积为主，发育交错层理、平行层理及块状构造

表 5-4　博斯腾湖南岸湖滩与风成沙丘碎屑组分的分析数据

剖面点（沉积环境）	矿物种类和含量（%）						黏土矿物总量（%）
	石英	钾长石	斜长石	方解石	白云石	角闪石	
博湖南岸扬水站东（湖滩）	33.2	14.6	11.6	22.3	4.2	—	9.8
博湖南岸白鹭洲（湖滩）	34.3	6.2	41.3	7.2	2.9	—	8.1
月亮湾（湖滩）	39.7	12.1	22.1	16.9	3.1	1.1	5.0
博湖南岸扬水站东（风成沙丘）	35.6	4.9	39.7	11.1	3.3	—	5.4
白鹭洲滨岸（风成沙丘）	26.3	1.8	22.1	30.9	7.9	1.6	9.4
月亮湾沙丘岛（风成沙丘）	28.3	6.2	31.0	22.1	5.4	—	7.0

二、粒度特征

针对采集的砂质样品在华东师范大学河口海岸学国家重点实验室完成了粒度分析，依据图像法粒度仪国际标准 ISO 13322—2：2006，采用 Retsch Technology 公司生产的 Camsizer x2 图像法粒度型分析仪进行分析（表 5-5，表 5-6），测量范围 0.8～8000μm。

表 5-5　博斯腾湖南岸湖滩与风成沙丘沉积物粒度分析数据

采样地点	沉积环境	分选系数	分选性	偏度 S_k	偏态	峰度 K_g	峰态	平均粒径（ϕ）
南岸扬水站东	湖滩	0.687	较好	0.687	极正偏	1.043	正态	1.915
南岸白鹭洲	湖滩	0.414	好	0.363	极正偏	0.662	极平坦	2.067
南岸月亮湾	湖滩	0.534	较好	0.681	极正偏	1.056	正态	2.221
南岸扬水站东	风成沙丘	0.535	较好	0.713	极正偏	1.056	正态	2.068
南岸白鹭洲	风成沙丘	0.427	好	0.496	极正偏	0.792	平坦	1.768
南岸月亮湾沙丘岛	风成沙丘	0.437	好	0.506	极正偏	0.794	平坦	2.218

表 5-6　博斯腾湖南岸湖滩与风成沙丘沉积物粒度概率累计曲线参数

采样地点	沉积环境	曲线类型	滚动组分（%）	跳跃组分（%）	悬浮组分（%）	粗截点（ϕ）	细截点（ϕ）
南岸扬水站东	湖滩	四段式	0.3	97.7	2	0.3	3
南岸白鹭洲	湖滩	三段式	0.01	99.6	0.6	0.5	2.8
南岸月亮湾	湖滩	三段式	0.03	98.97	1	0.3	2.7
南岸扬水站东	风成沙丘	两段式	0	97	3	—	2.8
南岸白鹭洲	风成沙丘	两段式	0	99.6	0.4	—	2.6
南岸月亮湾沙丘岛	风成沙丘	两段式	0	95	5	—	2.8

湖滩：分选系数总体范围为 0.41～0.69，分选较好—好，分选系数均值 0.55；偏度 S_k 总体范围在 0.36～0.69，均值 0.52，极正偏态；峰度 K_g 总体范围为 0.66～1.04，偏态为正态、平坦，反映了湖水不断淘洗细粒沉积物的过程；平均粒径总体范围 1.57～2.07，平均粒径均值为 2.31ϕ。概率累计曲线三段式或四段式，其中四段式体现了沿岸流与向岸流双向水流不断淘洗的特点。滚动组分含量少，仅有 0.01%～0.3%，跳跃组分含量 97.7%～99.6%，分选好，悬浮组分含量 0.6%～2%；粗截点 0.3ϕ～0.5ϕ，细截点 2.8ϕ～3ϕ；粒径分布范围 -1ϕ～4ϕ（图 5-10）。

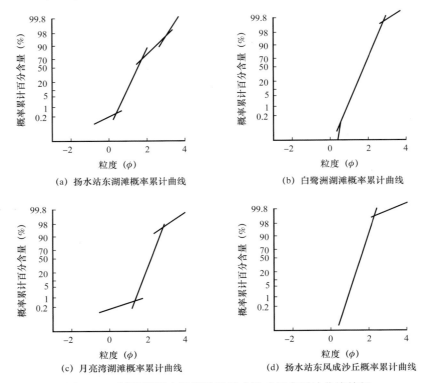

图 5-10　博斯腾湖南岸湖滩及风成沙丘概率累计曲线特征

风成沙丘：分选系数总体范围 0.43～0.54，分选好—较好，分选系数均值 0.48，分选略好于湖滩；偏度 S_k 总体范围为 0.51～0.71，均值 0.6，极正偏态；峰度 K_g 总体范围为 0.79～1.05，峰态为正态、平坦，沉积动力条件较弱；平均粒径总体范围 1.76～2.22，平均粒径均值为 2.06ϕ，也与湖滩相差不大。概率累计曲线两段式，无滚动组分，跳跃组分含量很高，可达 95%～99.6%，分选极好，好于湖滩分选，悬浮组分含量 0.4%～5%；细截点 2.6ϕ～2.8ϕ；粒径分布范围 -1ϕ～4ϕ（图 5-10）。

博斯腾湖周缘的湖滩、风成沙丘以良好分选、峰态为平坦或者正态明显区别于河流环境；就风成沙丘及湖滩而言，湖滩分选系数略差于风成沙丘；偏度平均值两者相近；峰度平均值湖滩略大于风成沙丘；平均粒径的平均值湖滩略大于风成沙丘，可见风成沙丘动力条件较弱于湖滩动力条件，但通过粒度参数区分两者比较困难。对于概率累计曲线而言，风成沙丘以两段式为主，偶有三段式，滚动组分含量少且分选极差；湖滩概率累计曲线为三段式或四段式，其中以明显的四段式区别于风成沙丘。

参 考 文 献

李宇安，谭芫，姜逢清，等，2003. 20世纪下半叶开都河与博斯腾湖的水文特征［J］. 冰川冻土，25（2）：215-218.

刘强吉，武胜利，2015. 新疆博斯腾湖流域风沙环境特征［J］. 中国沙漠，35（5）：1128-1135.

罗兰，武胜利，刘强吉，2016. 博斯腾湖湖岸沉积物磁化率和粒度特征分析［J］. 水土保持研究，23（2）：346-351.

师永民，董普，张玉广，等，2008. 青海湖现代沉积对岩性油气藏精细勘探的启示［J］. 天然气工业，28（1）：54-57.

王菁，李相博，刘化清，等，2019. 陆相盆地滩坝砂体沉积特征及其形成与保存条件——以青海湖现代沉积为例［J］. 沉积学报，37（5）：1016-1030.

于志同，李广宇，张恩楼，等，2019. 1860年以来博斯腾湖碳沉积过程演变［J］. 湖泊科学，31（1）：293-304.

周刚平，黄小忠，王宗礼，等，2019. 基于粒度数据重建的近2000a新疆博斯腾湖区域风沙活动［J］. 中国沙漠，39（2）：86-95.

朱秉启，于静洁，秦晓光，等，2013. 新疆地区沙漠形成与演化的古环境证据［J］. 地理学报，68（5）：661-679.

第六章 博斯腾湖周缘源汇系统特征与成因机制

源—汇系统又称沉积物路径系统,其作为当前沉积学的前沿热点领域,兴起于洋陆边缘盆地,主要由剥蚀物源区、搬运区以及最终沉积区构成。源—汇系统分析,就是将物源区的构造、剥蚀作用,沉积物的搬运方式,以及最终的沉积物堆积样式作为一个完整的系统,对控制该系统的内外因之间的相互作用及其产生的结果进行综合分析,进而指导相应地质事件的预测。本章通过博斯腾湖周缘砾石成分、重矿物成分及组合特征,以及多类型沉积体系空间展布与控制因素分析,揭示了博斯腾湖及其周缘的源汇系统特征,为古代陆相湖盆岩相古地理恢复、沉积特征精细研究以及较为准确的图件编制提供了参考依据。

第一节 博斯腾湖周缘源汇系统特征

一、源—汇系统

源—汇系统最早起源于美国 1988 年开始酝酿的"洋陆边缘计划"(Margins Office,2003)。1998 年美国国家自然科学基金会(NSF)和联合海洋学协会(JOI)提出了《洋陆边缘科学计划 2004》(Margins Program Science Plans,2004),其中沉积学和地层学项目组制定了 S2S——从源到汇复合体系科学计划,开始了在沉积学研究中引入源—汇分析的概念和思想。1999 年,欧洲组织国际大陆边缘研究计划(Inter Margins),目的是了解地中海和北大西洋边缘从源到汇的沉积系统。2003 年,日本结合 Inter Margins 提出"亚洲三角洲演化与近代变化"的研究计划。近十多年来,源—汇概念开始在大陆边缘沉积作用研究中兴起,被认为是沉积体系半定量分析的基础。2010 年及以后的多次 AAPG 年会上,源—汇分析一直是研究热点之一,目前逐渐成为地质学的前沿领域(朱红涛等,2017)。

1. 洋陆边缘盆地源—汇系统

源—汇系统所涉及学科较为广泛,是一个跨多学科领域的研究方向。国际 S2S 研究的焦点是探讨洋陆边缘第四系构造、气候及海平面变化等如何影响沉积物和溶解质从源到汇的产出、转换与堆积,物质侵蚀、转换过程及其伴生的反馈机制。全球变化历史记录和地层层序形成、如何响应沉积过程的变化,并深入探讨沉积物从源到汇全过程的驱动机制、古物源区演化恢复与古水系重建(朱红涛等,2017)。

近十年来,源—汇系统研究主要目标是量化洋陆边缘盆地的沉积物和溶解质通量,该领域主要进展集中于 3 大部分,即:(1)构造、气候、海平面变化等控制因素如何影响沉积物和溶解质从源到汇的产出、转换与堆积,如研究洋陆边缘沉积体系对自然作用和人类活动干扰的响应的定量预测、地貌事件（洪水、风暴、滑坡等）的信号在物质传输中的变化、不同时间尺度的沉积物传输和堆积的动力学模拟、地质历史上不同时段的沉积物堆积速率的比较、沉积物在从源到汇传输中的组分分离和变化等；（2）物质侵蚀、转换过程及其相伴生的反馈机制，如研究侵蚀事件的过程、地震和洪水诱发的陆上和海底滑坡的机制、岸线淤长中导致海底滑坡、河流侵蚀回春的下切过程（如潮汐汊道下切点的向海迁移以及陆坡滑坡、海面变化、风暴和地震引起的下切点的向陆迁移）、沉积物负荷引发的海底失稳、沉积物侵蚀和堆积引起的反馈对物源区特征和地貌稳定性的影响等；（3）全球变化历史记录和地层层序形成如何响应沉积过程的变化，如研究地层记录的形成过程、末次冰盛期（LGM）以来的沉积环境演化、大陆边缘物质的地球化学循环、碳酸盐堆积体系（珊瑚礁平台等）的动力学和稳定性、河流三角洲和物质沿陆架输运的过程及其对沉积体结构的影响、三角洲和陆架陆坡过程相结合的定量地层学模型、岸线的形态动力学模拟等（朱红涛等，2017）。

2. 陆相盆地源—汇系统

从地貌演化角度分析陆相盆地物源体系及沉积物分散体系是源—汇系统研究的重要方面，但目前尚处于起步阶段。相对于洋陆边缘盆地，开展陆相盆地源—汇系统研究难点在于：（1）陆相盆地类型多样，盆地边界条件复杂；（2）陆相盆地源—汇系统控制因素多样，在构造、气候作用基础上，古地貌尤为重要，具有多隆多洼的古地理格局和多种不同搬运通道；（3）陆相盆地物源区母岩类型多样，不同母岩区汇水单元及其沉积响应差别大，特别是盆内凸起，呈放射状向周缘凹陷或洼陷供源，凸起周缘可以发育一系列裙边式汇水单元，不同母岩区汇水单元供源效应存在明显差异；（4）陆相盆地沉积体系更为复杂多变，在不同边界条件的控制下，可在盆地周缘沉积区形成不同沉积体系，呈现多种沉积体系共存的格局。但是，目前开展陆相盆地源—汇系统研究也有一些有利条件：（1）与洋陆边缘盆地相比，陆相盆地面积多偏小，多近物源，沉积区为局限盆地，源—汇关系相对清晰；（2）规模小的陆相源—汇系统的控制因素更易观察和定量化；（3）目前技术储备，包括现代源—汇系统考察与地下资料解释结合，高精度的测试技术（锆石年代学）、高分辨率的地球物理探测（地震沉积学）、多变量统计分析和层序地层计算机模拟（源—汇系统正演模型）等先进方法的综合应用，可确保在陆相盆地源—汇系统相关科学问题的探索上取得重要进展（朱红涛等，2017）。

3. 洋陆边缘盆地与陆相盆地源—汇系统要素耦合差异

陆相盆地与洋陆边缘盆地源—汇系统具有一定的差异性（图6-1），相对于洋陆边缘源—汇系统，陆相盆地源—汇系统要素更多样、过程更复杂、预测难度更大，原因主要差异表现在以下方面（表6-1）：

（1）物源区（物源体系）差异：① 洋陆边缘盆地源—汇系统的物源体系主要是单侧、单一物源注入，且多为远源搬运沉积（图6-1a），而断陷盆地与坳陷盆地源—汇系统的物源体系则分为盆外物源体系和盆内物源体系，呈现盆外、盆内多物源注入，且为近源沉积，形成封闭的盆外、盆内不同物源区多物源共存格局（图6-1b、c）；② 洋陆边缘盆地、坳陷盆地以及断陷盆地源—汇系统的流域面积存在一定差异，呈依次减小的趋势，其中洋陆边缘盆地源—汇系统的流域面积较大，为 $1000 \sim 6 \times 10^6 km^2$（图6-1a）；坳陷盆地源—汇系统流域面积次之，为 $100 \sim 3.9 \times 10^5 km^2$（图6-1c）；断陷盆地源—汇系统的流域面积较小，为 $100 \sim 10^4 km^2$（图6-1b）；③ 断陷盆地物源区垂向高差较大，一般大于2000m（图6-1b），而坳陷盆地垂向高差较小，为 $200 \sim 300m$（图6-1c），洋陆边缘盆地则介于两者之间，为 $500 \sim 1000m$（图6-1a）。

（2）搬运区（搬运体系）差异：① 洋陆边缘盆地源—汇系统的水系主要以稳定型曲流河为主，延伸距离较远、规模较大（图6-1a）；断陷盆地源—汇系统的水系则以延伸距离较小、规模较小的辫状河为主（图6-1b）；坳陷盆地源—汇系统的水系则往往以稳定性曲流型、游荡性网状型、渐弱性改造型河流为主，延伸长度一般介于 $20 \sim 100km$（图6-1c）；② 沉积物搬运通道一般分为古沟谷物源通道、断槽物源通道和构造转换带物源通道3种类型，断陷盆地通常发育上述3种通道，而洋陆边缘盆地以及坳陷盆地则主要发育古沟谷物源通道；③ 洋陆边缘盆地的坡降一般介于 $2° \sim 6°$，坳陷盆地的坡降小于 $1°$，而断陷盆地的坡降，往往介于 $15° \sim 60°$。

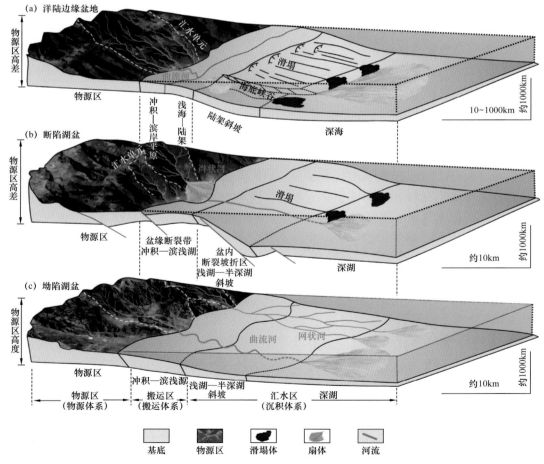

图6-1　海洋边缘盆地（a）与陆相盆地（b、c）源—汇系统地貌带分布
与沉积—剥蚀作用（据朱红涛等，2017）

表 6-1　洋陆边缘盆地与陆相盆地源—汇系统要素及耦合关系差异对比（据朱红涛等，2017）

源—汇系统类型			洋陆边缘盆地	断陷盆地		坳陷盆地
				陡坡带	缓坡带	
要素	物源区	供源差异	单侧物源注入；远源	多侧物源注入；近源		多侧物源注入；近源
		流域面积（km²）	1000～6×10⁶	100～10000		100～3.9×10⁵
		高差（m）	500～1000	>2000		200～300
	搬运区	水系　类型	曲流河为主	辫状河为主		曲流河、网状河
		水系　规模	延伸距离远、规模大	延伸距离小、规模小		20～100km
		水系　组合	稳定性曲流型为主			稳定性曲流型、游荡性网状型等
		沉积物搬运通道　沟谷	√	√		√
		沉积物搬运通道　断槽	×	√		×
		沉积物搬运通道　构造转换带	×	√		×
		坡降（°）	2～6	15～60		<1
	沉积区	沉积体系类型	海相沉积体系为主	冲积扇、斜坡扇、近岸水下扇、扇三角洲（扇形、舌形）	缓坡楔状体、三角洲沉积体系（朵状）	冲积扇体系（少）、三角洲体系等
		扇体面积（km²）	60～3000	1～100		2～2×10⁴
		最大水深（m）	200～3000	20～200		6.0～110
耦合关系		构造沉降	次控因素	主控因素	次控因素	次控因素构造活动弱
		湖/海平面变化	主控因素	次控因素	主控因素	主控因素
		沉积物供应	主控因素	次控因素	主控因素	主控因素
		古地形（貌）	次控因素很弱	次控因素	次控因素	次控因素
		气候	主控因素	次控因素	次控因素	主控因素

（3）沉积区（沉积体系）差异：洋陆边缘盆地源—汇系统的沉积体系主要以海相沉积为主，沉积区扇体面积为 60～3×10³km²，水深为 200～3000m（图 6-1a）；而断陷盆地源—汇系统的沉积体系具有陡、缓坡两种类型，陡坡带一般发育冲积扇、斜坡扇、近岸水下扇、扇三角洲（扇形、舌形）等重力流沉积（图 6-1b），缓坡带则发育缓坡楔状体、三角洲沉积体系（朵状），扇体面积相对于洋陆边缘盆地较小，为 1～100km²，水深为 20～200m；坳陷盆地源—汇系统发育的沉积体系较少，主要发育三角洲体系，沉积区扇体面积跨度大，介于 2～2×10⁴km²，水深较小，为 6.0～110m（图 6-1c）。

（4）源—汇系统耦合差异：洋陆边缘盆地的源—汇系统主要受海平面变化及沉积物供应差异的控制；断陷盆地较为复杂，其中陡坡带主要受构造沉降的影响，而缓坡带受湖平面变化与沉积物供应影响大。而坳陷盆地源—汇系除受湖平面变化以及沉积物供应差异的控制之外，受气候影响明显，且相比于洋陆边缘盆地与断陷盆地，坳陷盆地受构造沉降影响小。根据上述源—汇系统要素及耦合关系可以看出，二者存在一定差异，具体差异体现在以下几个方面：① 盆地属性差异，洋陆边缘源—汇系统为开放系统，沉积区对应的海盆为开阔盆；陆相盆地源—汇系统为封闭系统，汇水区对应的盆地为局限盆；② 组成要素差异，洋陆边缘源—汇系统要素相对简单、稳定，从造山带的物源区到冲积平原、浅海陆架，最终到深海盆；陆相盆地类型多样（断陷、坳陷、前陆、克拉通等盆地类型），盆地边界条件复杂、多样，造成对应的源—汇系统要素相对复杂、多变；③ 控制因素差异，洋陆边缘源—汇系统控制因素主要为构造、气候两大因素，陆相盆地源—汇系统控制因素多样，在构造、气候的基础上，盆地古地貌因素尤为重要、更为复杂，具有多隆、多洼、隆洼相间发展多变的古地理格局，而且不同盆地的古地貌各有迥异，极大影响到源—汇系统，造成陆相盆地源—汇系统差异性；④ 物源体系差异，洋陆边缘源—汇系统的物源体系主要是单侧、单一物源注入，且多为远源搬运沉积；陆相盆地源—汇系统的物源体系分为盆外物源体系和盆内物源体系，呈现盆外、盆内多物源注入，且多为近源沉积，形成封闭的陆相盆地盆外、盆内不同物源区多物源共存格局，此外，陆相盆地内部不同规模的凸起具有动态物源特点。

（5）搬运体系差异：洋陆边缘源—汇系统物源搬运体系主要是下切谷、沟谷、河道，陆相盆地源—汇系统物源搬运体系更为复杂，存在沟谷、转换带通道、断槽通道等多种类型及其组合形式。

（6）沉积体系差异：洋陆边缘源—汇系统沉积体系相对稳定、分布规律，可预测性强；陆相盆地源—汇系统沉积体系更为复杂、多变，在盆地不同边界条件的控制下，可以在盆地周缘沉积区形成不同沉积体系，呈现多种沉积体系共存的沉积格局（朱红涛等，2017）。

二、博斯腾湖周缘物源体系

1. 砾石成分与物源特征

砾石是对物源区岩石类型最直接的反映，分析天山的构造单元及演化可以大致将天山各单元物源构成归结为以下主要岩石类型组合（李忠等，2004）：前石炭系变质岩、结晶基底、中石炭统及其以上的主要产出于南天山的未变质沉积岩盖层（表6-2），这就为解析博斯腾湖周缘砾石成分的物源提供了对比基础。

表6-2　库车坳陷砾石成分及其在天山的主要物源归属（据李忠等，2004）

序号	砾石成分	物源区主要层位归属
1	片岩、千枚岩、板岩、硅质岩、大理岩、石英岩等	前石炭系变质岩
2	片麻岩、花岗岩、石英脉	前石炭系或中生界结晶基底
3	中基性火山岩、石灰岩、砾岩、砂岩、粉砂岩	南天山石炭系—二叠系和中生界盖层

前已述及，博斯腾湖西北缘开都河三角洲砾石的成分主要为粉细砂岩、凝灰岩、混合花岗岩、脉石英、花岗岩等；博斯腾湖西北缘黄水沟冲积扇砾石成分主要为混合岩、混合花岗岩、粉细砂岩、脉石英、花岗岩、凝灰岩等；清水河扇三角洲砾石成分主要为混合岩、混合花岗岩、花岗岩、粉细砂岩、变质石英岩、板岩、中酸性喷出岩等；马兰红山扇三角洲砾石成分主要为花岗岩、混合岩、粉细砂岩、暗色火山岩、大理岩等（图6-2）。由表6-2和图6-2可知，博斯腾湖西北缘—北缘冲积体系中，来自前石炭系变质岩、前石炭系或中生界结晶基底、南天山石炭系—二叠系和中生界盖层的物源均有分布。其中，全区域均有来自南天山石炭系—二叠系和中生界盖层的粉细砂岩等，沿博斯腾湖北缘由西向东凝灰岩砾石、脉石英砾石逐渐减少，大理岩砾石、混合岩砾石等逐渐增多。

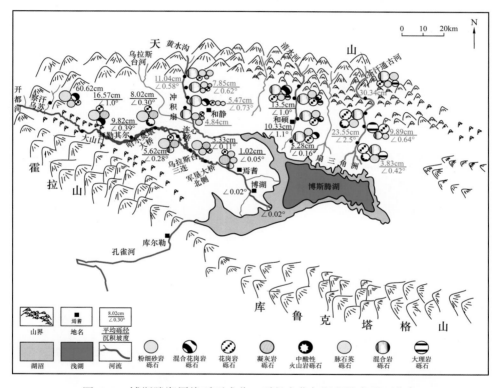

图6-2　博斯腾湖周缘砾石成分、砾径变化与沉积坡度平面分布

2. 重矿物组合与物源特征

重矿物是指碎屑岩中密度大于2.86g/cm³的陆源碎屑矿物，分为稳定重矿物和不稳定重矿物两类（李双建等，2006；赵雪松等，2014）。稳定重矿物抗风化剥蚀能力强，经多次搬运，组分和含量变化不大，分布广，沉积区含量相对较高；不稳定重矿物抗风化剥蚀能力弱，易受搬运沉积作用改造，组分和含量变化较大，沉积区的分布范围及含量相对较小。从物源区到沉积区的搬运过程中，随搬运距离增加，稳定重矿物相对含量逐渐增加，而不稳定重矿物的相对含量逐渐降低（赵雪松等，2014）。在稳定重矿物中，也存在锆石—金红石—电气石—石榴石—磷灰石—榍石的化学稳定性降低序列（刘嵘等，2007）。

利用ZTR指数，即锆石（Zircon）、电气石（Tourmaline）、金红石（Rutile）在透明重矿物中的比例［式（6-1）］，来评价砂岩重矿物组合的矿物成熟度。稳定重矿物抗风化能力强，常富集于远源区，沉积物具有高 ZTR 指数；反之，不稳定重矿物往往在近源区聚集，表现为低 ZTR 指数（李双建等，2006；赵雪松等，2014）。

$$ZTR=100×［锆石（\%）+电气石（\%）+金红石（\%）］ \qquad (6-1)$$

另外，还可以用分异指数（F）来判断沉积水动力的强弱（王中波等，2006）：

$$F=角闪石（\%）/不透明矿物 \qquad (6-2)$$

角闪石代表密度相对较低、不稳定的重矿物；不透明矿物包括钛铁矿、磁铁矿、赤褐铁矿，代表密度较大的稳定矿物。F 高值表明沉积水动力作用弱，重矿物的沉积动力分选作用不明显；F 低值则反映样品为强水动力沉积环境，水流湍急，沉积速率较低，矿物的沉积动力分选作用明显（图 6-3）。

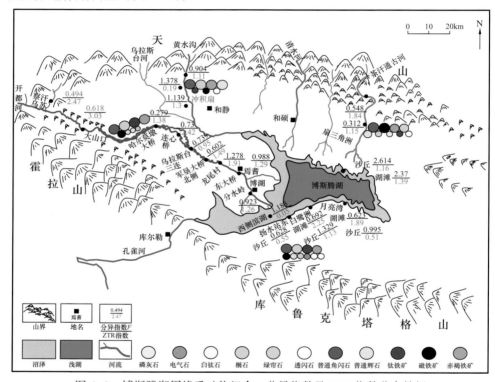

图 6-3　博斯腾湖周缘重矿物组合、分异指数及 ZTR 指数分布特征

陆源不稳定重矿物以绿帘石为主，黝帘石、黑云母、阳起石、普通角闪石、普通辉石、透闪石、褐帘石、电气石、石榴石、十字石、绿帘石、黝帘石重矿物组合来源于变质岩；磁铁矿、钛铁矿重矿物组合来源于中—基性岩浆岩；锆石、榍石、电气石重矿物组合来源于酸性岩浆岩；锆石、电气石、重晶石重矿物组合来源于再改造的沉积岩。李双应等（2014）通过对开都河大山口剖面上石炭统重矿物研究认为，赤褐铁矿、辉石、角闪石、铬铁矿组合为不稳定组合，源岩可能为中—基性岩浆岩；锆石、黄铁矿、电气石、金红石、磁铁矿、重晶石、榍石组合源岩可能为沉积岩；石榴子石、磷灰石、锐钛矿组合源岩主要为中—高级变质岩源区；白钛石单独作为一类，反映母岩可能来自低级变质岩。

黄水沟冲积扇中的重矿物有 16 种，分别是锆石、电气石、金红石、白钛石、锐钛矿、榍石、石榴石、钛铁矿、绿帘石、磁铁矿、赤褐铁矿、萤石、角闪石、透闪石、辉石、磷灰石。总体来看，黄水沟冲积扇主要重矿物为角闪石（平均含量44.60%）、绿帘石（平均含量12.13%）、辉石（平均含量8.65%）；赤褐铁矿、钛铁矿、磁铁矿次之（平均含量分别为7.50%、5.20%和4.85%）；锆石、电气石、金红石、磷灰石、锐钛矿、榍石、石榴石、透闪石、萤石含量最低。黄水沟冲积扇的重矿物以不稳定的角闪石、辉石，次稳定的绿帘石、赤褐铁矿为主要矿物。

开都河河流—三角洲不同河型段中的重矿物种数较多，主要陆源稳定矿物包括绿帘石、钛铁矿、磁铁矿、赤褐铁矿；次要稳定矿物是磷灰石、榍石、石榴石、锆石等。陆源不稳定矿物为角闪石、辉石等。此外，样品中还出现了少量的电气石、金红石、白钛石、透闪石。总体来看，开都河重矿物以陆源稳定矿物为主。其中，中等稳定矿物绿帘石含量由山间河段至顺直河段总体逐渐增加，赤褐铁矿、磁铁矿含量逐渐减少，而钛铁矿、角闪石含量由山间河段至顺直河段没有明显变化。由山间河段察汗乌苏水电站至顺直河段的博湖县城分水岭，分异指数 F 值呈递增趋势。F 值相对低处（解剖点1—6），反映了山间河段—曲流河段沉积环境水动力强，沉积速率较低，矿物的沉积动力分选作用明显。F 值相对高处（解剖点7—10），表明沉积水动力作用较弱，重矿物的沉积动力分选作用不明显。

马兰红山扇三角洲主要重矿物组合为磷灰石＋榍石＋绿帘石＋钛铁矿＋磁铁矿＋赤褐铁矿＋透闪石＋角闪石＋辉石（表6-3）。其中，由物源区向沉积区磷灰石、榍石含量变化不大，绿帘石含量增加，钛铁矿增加，磁铁矿、赤褐铁矿减少，透闪石、角闪石含量增加，辉石含量也有所增加。ZTR指数略有减小，F 指数逐渐增加，表明沉积水动力作用较弱，重矿物的沉积动力分选作用不明显。

南缘滩坝与风成沙丘主要重矿物组合为电气石＋白钛石＋榍石＋石榴石＋绿帘石＋钛铁矿＋磁铁矿＋赤褐铁矿＋透闪石＋角闪石＋辉石（表6-4），整体上滩坝ZTR指数大于风成沙丘，而 F 指数小于风成沙丘，反映了滩坝的水动力条件明显强于风成沙丘的特点。

三、博斯腾湖周缘沉积体系空间展布特征

博斯腾湖西北缘即沿盆地长轴方向主要发育开都河河流—三角洲。在盆地北部边缘、南部边缘等沿盆地短轴方向发育黄水沟冲积扇等系列冲积扇群，以及在北缘发育清水河扇三角洲、马兰红山扇三角洲等系列扇三角洲群。由于博斯腾湖区域常年受北风、西北风影响，在湖泊南缘、东缘与北缘马兰红山扇三角洲前端区，均发育大面积风成沙丘沉积（图6-4）。对图6-4中各主要沉积体系的空间展布面积进行测量（表6-5），计算的冲积平原河流相沉积总面积约2000km²，占盆地总面积的15.4%左右；三角洲平原沉积总面积约350km²，占盆地总面积的2.7%左右；冲积扇群的沉积面积较大，可达4370km²，占盆地总面积的33.6%左右；扇三角洲群沉积总面积约为1300km²，占盆地总面积的10.0%左右；风成沙丘沉积总面积约为920km²，占盆地总面积的7.1%左右；湖泊与湖沼沉积总面积约为1620km²，占盆地总面积的12.5%左右。整体上，博斯腾湖及其周缘多类型沉积体系展布面积约为10560km²，占盆地总面积的81.3%左右；盆地内的其他空间，可能为局部隆起的山体、局部剥蚀区所占据。

表 6-3 博斯腾湖北缘马兰红山扇三角洲沉积体系重矿物成分与含量数据

项目 剖面点	陆源稳定矿物种类及含量（%）							中等稳定矿物			组合来源中—基性岩浆岩			陆源不稳定矿物种类及含量（%）			分异指数 F	搬运距离（km）	累计搬运距离（km）
	ZTR指数				磷灰石	锐钛矿	白钛石	榍石	石榴石	绿帘石	钛铁矿	磁铁矿	赤褐铁矿	透闪石	角闪石	辉石			
	锆石	电气石	金红石	指数															
马兰红山	0.79	1.0	0.05	1.84	1.93	0.79	0.34	2.84	0.33	13.4	1.34	20.51	8.71	1.68	16.76	10.05	0.548	0	
出山口石桥	1.0	0.14	0.01	1.15	3.18	0.14	0.57	6.98	0.10	9.65	1.60	31.24	20.37	0.68	16.62	2.68	0.312	20	20
金沙滩西北风成沙丘	0.13	少量	0.13	0.26	1.42	—	0.53	3.09	2.65	—	4.43	4.26	8.86	2.76	55.66	7.09	—	23	43
金沙滩东沙丘	0.15	0.86	0.15	1.16	0.75	0.07	1.89	2.94	1.73	19.13	1.73	4.38	8.69	2.19	38.68	8.69	2.614	26	69
金沙滩东湖滩	0.52	0.86	0.01	1.39	2.34	0.91	1.43	2.65	2.60	16.52	8.69	—	6.08	3.26	35.01	10.43	2.370	26	69

表 6-4 博斯腾湖南缘滩坝与风成沙丘沉积物重矿物成分与含量数据

项目 剖面点	陆源稳定矿物种类及含量							中等稳定矿物				组合来源中—基性岩浆岩		陆源不稳定矿物种类及含量（%）				分异指数 F
	ZTR指数				磷灰石	锐钛矿	白钛石	榍石	石榴石	蓝晶石	绿帘石	钛铁矿	磁铁矿	赤褐铁矿	透闪石	角闪石	辉石	
	锆石	电气石	金红石	指数														
扬水站东湖滩	0.42	1.71	少量	2.13	2.0	—	5.57	0.71	2.57	—	16.28	4.28	—	6.85	3.0	39.42	6.85	—
扬水站东沙丘	0.01	0.42	0.12	0.55	0.31	—	0.63	3.33	2.56	0.06	18.83	15.52	7.24	15.41	2.56	23.97	3.42	0.628
白鹭洲湖滩	0.17	1.82	0.26	2.25	1.42	0.17	1.71	1.78	4.55	0.01	14.57	21.79	—	16.39	0.45	26.41	1.82	0.692
白鹭洲沙丘	0.01	1.11	0.01	1.13	0.04	0.01	1.67	0.78	1.11	0.01	30.68	12.66	0.17	9.57	0.41	29.79	6.63	1.329
月亮湾湖滩	0.17	1.64	0.08	1.89	0.87	0.26	0.13	1.7	4.94	0.01	27.21	16.49	7.89	8.24	1.7	20.61	2.47	0.632
月亮湾沙丘	0.01	0.42	0.08	0.51	0.78	0.08	2.04	3.41	4.23	0.01	25.43	10.17	5.21	8.47	1.10	23.73	5.08	0.995

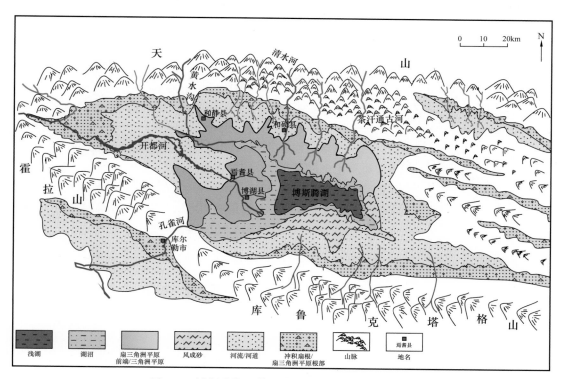

图 6-4　博斯腾湖及其周缘沉积体系空间展布特征

表 6-5　博斯腾湖周缘多类型沉积体系展布面积数据

沉积相	河流相	三角洲平原	冲积扇群	扇三角洲（平原）群	风成沙丘	湖泊	湖沼	沉积体总面积	盆地总面积
面积（km²）	2000	350	4370	1300	920	1090	530	10560	13000
占盆地面积比例（%）	15.4	2.7	33.6	10.0	7.1	8.4	4.1	81.3	—

　　张美华（2014）通过统计世界上 21 个现代大型浅水湖盆的水域面积、三角洲面积、冲积平原面积等参数，定量评价盆地中各种沉积体系的比例关系（表 6-6）。从三角洲与湖盆水域关系来看，三角洲总面积 / 水域面积的最大值为 0.58，单个三角洲面积 / 水域面积最大值为 0.49，该值出现在巴尔喀什湖，其中典型的伊犁河三角洲面积达 8211km²；从盆地角度来看，三角洲总面积 / 盆地面积最大值为 0.10，单个三角洲面积 / 盆地面积最大值为 0.09。而由于气候和海拔等多种因素作用，一些盆地中，大型三角洲体系并不发育，如位于亚寒带的冰川成因湖——拉多加湖，位于热带湿润条件下的河流淤塞湖——洞里萨湖，热带草原气候下的坳陷湖——维多利亚湖，其中维多利亚湖由于水源充分，湖盆水位变化较小，水质较清，湖盆周缘三角洲相对不发育，仅能观测到一些小规模的三角洲体系。

　　表 6-6 中典型三角洲面积大于 4000km² 的三角洲有 5 个，形成这些三角洲的河流上游所对应的冲积平原（河流相）面积巨大，三角洲距离物源区远，盆地规模巨大。因此，

可以认为三角洲的绝对面积与盆地规模有关，大型三角洲产生于大型盆地当中。由此可以得出浅水湖盆大型三角洲形成的前提：（1）大型盆地背景；（2）河流规模大；（3）湖盆平坦、水体浅。一个较小的盆地的三角洲规模也较小。盆地的尺度决定了盆地内沉积体系尺度的上限，这对盆地内河流相、湖泊相以及三角洲相均适用（张美华，2014）。

表6-6　世界典型湖盆三角洲数据统计（据张美华，2014）

序号	湖名	水域面积（km²）	盆地面积（km²）	三角洲总面积（km²）	冲积平原总面积（km²）	三角洲总面积/水域面积	三角洲总面积/盆地面积	冲积平原面积/盆地面积	大型三角洲数目	最大水深（m）	典型三角洲名称	典型三角洲面积（km²）	典型三角洲面积/水域面积	典型三角洲面积/盆地面积
1	青海湖	4277	7611	628.6	2705.4	0.15	0.08	0.36	5	32.8	布哈河三角洲	199	0.05	0.03
2	哈拉湖	592	2133	58.6	1482.4	0.10	0.03	0.69	4	65	4号三角洲	18.7	0.03	0.01
3	维多利亚湖	66035	1000000							82	卡盖拉河三角洲	5	0	
4	渤海	77284		13000	490000	0.17			3	86	黄河三角洲	5911	0.08	
5	乌布苏湖	3350	20332	1580	15402	0.47	0.08	0.76	4		1号三角洲	562	0.17	0.03
6	鄱阳湖	4125	20000	1824	14051	0.44	0.09	0.70	1	30	赣江三角洲	1824	0.44	0.09
7	萨雷卡梅什湖	3897							1		1号三角洲	37.5	0.01	
8	里海	386400		31005		0.08			3	1025	伏尔加河三角洲	18746	0.05	
9	拉多加湖	16861								230	三角洲不发育			
10	伊尔门湖	893		288.7		0.32			2	10	洛瓦特河三角洲	182	0.20	
11	凡湖	3461	4325	259.8	604.8	0.08	0.06	0.14	5	100	Ereis三角洲	94.5	0.03	0.02
12	马拉开波湖	11474	55842	153.2	44214.8	0.01	0.0	0.79	2	34	卡塔通博河三角洲	93.4	0.01	0.0
13	奥基乔比湖	1273		55.8		0.04			1	6	基西米河三角洲	55.8	0.04	

序号	湖名	水域面积（km²）	盆地面积（km²）	三角洲总面积（km²）	冲积平原总面积（km²）	三角洲总面积/水域面积	三角洲总面积/盆地面积	冲积平原面积/盆地面积	大型三角洲数目	最大水深（m）	典型三角洲名称	典型三角洲面积（km²）	典型三角洲面积/水域面积	典型三角洲面积/盆地面积
14	亚速海	37600		4942		0.13			2	14	库班河三角洲	4345	0.12	
15	赛里木湖	465	758	49.2	243.8	0.11	0.06	0.32	3	106	1号三角洲	12.9	0.03	0.02
16	塔纳湖	3067	5996	579	2350	0.19	0.1	0.39	2	72	Gilgel abay河三角洲	332	0.11	0.06
17	巢湖	784			16800					7.98	南淝河河口沙坝	2.48	0.0	
18	琵琶湖	690	1426							103	安县川河口沙坝	2	0.0	0.0
19	咸海	64500		12065		0.19			2	69	阿姆河三角洲	10000	0.16	
20	巴尔喀什湖	16793	141452	9823	114836	0.58	0.07	0.81	3	25.6	伊犁河三角洲	8211	0.49	0.06
21	洞里萨湖	16000								11.5	三角洲不发育			

第二节　周缘多类型沉积体系展布成因机制

陆相湖盆四周多环绕高山，沉积物供给充足，常具有多物源、多沉积中心、相带窄、相变快等特点，沉积体系类型复杂多样。

一、陆相湖盆碎屑岩的沉积特点

陆相湖盆就是大陆上以湖泊为沉积中心、周缘高地为主要沉积物源供给区的沉积盆地。因而其沉积物有其鲜明特点，湖泊水体较小，盆内内生沉积物极少，源自周缘高地的外生碎屑物供应了盆地内的绝大部分沉积物源，因此碎屑岩成为占绝对优势的沉积产物。湖盆四周环山（或高地），都具备向湖盆供应物源的条件，因此多物源、多沉积体系成为湖盆沉积的一个重要特点。湖泊水体能量相对较小，湖体波浪、湖流和湖底重力流作用相对较弱，又无潮汐作用，河流成为搬运碎屑物的主要营力。因此，岸上沉积的各类冲积砂体和入湖砂体占同样重要地位。以我国东部中新生代陆相含油气盆地中已开发油田为例，河流砂体储层所占储量高达40%以上。同样，湖盆三角洲沉积也因此显现其特色、即以建设型三角洲为主，河流—三角洲和冲积扇—三角洲（扇三角洲）成为两大端点类型。湖泊水体较小，湖进湖退敏感性很大。不仅区域构造活动明显控制着湖进湖退，即使一些局部的气候变化也会导致一定规模的湖进湖退。因此多旋回性又成为湖盆沉积的一般现象。

以河流为主要搬运营力的沉积体系，沉积体规模大小受控于河流的规模，湖盆大量小规模的河流，决定了各类沉积砂体的规模很小。我国东部中新生代湖盆砂体以成因单元估计，一般来说，厚度不过 1m，宽度属百米级，其连续性与海相砂体有着数量级的差别。

近源搬运沉积，导致湖盆碎屑岩另一重要特点：低矿物成分和低结构成熟度，长石、岩屑砂岩占我国陆相湖盆碎屑岩的绝对统治地位；除浅湖滩坝砂体外，分选良好的砂岩较少，而双模态的碎屑岩则很常见（裴亦楠，1992）。

二、沉积体系展布成因机制

1. 主要控制因素

基底构造沉降、物源供给、古气候波动及湖平面变化是控制断陷湖盆沉积体系发育的主要因素。构造运动导致湖盆基底抬升或下沉，若发生统一性上升或下沉，且变化幅度相同，湖盆内水体也将发生相应幅度的上升或下降；若该时期沉积物供给量为零，且湖盆内水量不变，湖盆水深、相对湖平面不变，仅绝对湖平面发生变化。若出现差异沉降，湖盆水深、相对湖平面变化与该时期的沉积物供给量、外界水流入量等密切相关，湖盆不同位置的相对湖平面变化特征不同，但绝对湖平面始终发生统一性上升或下降。

气候变化决定陆相湖盆水体的蒸发量与流入量，也就决定了湖盆内水量的变化。气候干旱炎热时，蒸发量大于流入量，将导致湖盆内水量减少，水深减小，此时若湖盆基底位置不变，沉积物厚度为零，绝对湖平面和相对湖平面都会下降，下降幅度相同；若气候潮湿，蒸发量小于流入量，闭流湖盆的绝对湖平面上升，敞流湖盆的绝对湖平面在湖面达到最低溢出点之前将上升，达到最低溢出点之后保持不变，多余的水从最低溢出点流出（鹿洪友等，2003）。

风对地表的作用表现为三种形式：风蚀作用、搬运作用和风积作用。风蚀作用的结果包括地表蜂窝石、风蚀穴、风蚀蘑菇、风蚀柱、风蚀洼地、风蚀谷地、岩漠以及戈壁滩。风搬运碎屑物质的方式主要是跳跃，其次是滚动和悬浮，风的搬运力虽然比流水小得多，但它的搬运量巨大。一次大风暴可以搬运重达几十万吨至上亿吨的物质。随着风的长途吹送或者遇到各种障碍物，如山体、树木等，风力减弱，风所搬运的物质便沉积下来，形成风积物。其中，以滚动和跳跃方式搬运的砂质沉积物堆积，形成由沙丘、沙丘间和沙席组成的风成沉积体系（姜在兴等，2017）。

2. 成因机制分析

博斯腾湖及其周缘沉积体系成因与储层展布受如下因素控制：

1）水系与沉积体系分布

焉耆盆地略呈菱形，长轴方向为北西西，地势从西北向东南倾斜，最低处为博斯腾湖，其周缘水系的不对称分布导致沉积体系分布的不对称性。注入博斯腾湖的河流有开都河、黄水沟、清水河、曲惠河、茶汗通古河等，主要分布在湖泊的西北缘和北缘，其中多为季节性河流，湖泊南缘和东缘的河流极少。这就使湖泊西北缘的开都河河流源远流长，汇水面积大，流量亦大。湖泊北缘的河流为近源河流，汇水面积小，流量亦小，形成近源扇三角洲沉积。

2）气候与沉积体系关系

焉耆盆地位于我国西北内陆腹地，为典型的大陆性干旱气候，降水稀少，蒸发强烈，夏季炎热，冬季寒冷，多年平均径流量 $33.62 \times 10^8 m^3$。由于降水量较少，一定程度上限制了河流的规模，辫状河段最宽处 0.8km，形成曲流河后河道宽约 0.35km。开都河下游区相对水分充足，点坝（江心洲）植被大量发育，河岸的抗冲性增强，点坝更加稳定，从而控制了三角洲平原顺直型分流河道的方向。

3）构造、断裂活动与沉积空间展布

构造与沉积的空间展布规律常具有较好的一致性和继承性。在同一构造或次一级构造层内，它们的岩相类型可能发生变化，但其空间位置及延伸方向基本保持不变，或呈有规律性变化，它们受主干断层活动强度控制。主断裂活动强度与演化控制着沉积体系的发育位置、规模大小和迁移方向。断裂系统控制着主水系，且断层走向与河流走向基本一致。断裂构造和沉积相的展布密切相关、相辅相成、互为条件、互为因果。开都河河流的走势完全受控于盆地内断裂的展布方向。在三角洲相带上，断裂构造格局直接控制着沉积相在平面上的展布形态，特别是主水流展布方向和规模，断层发育的部位也是主水流存在的地方，且二者是一致或近于一致的（师永民等，2008）。

4）风场与沉积相展布

博斯腾湖区域常年受西风、西北风等影响，在环湖区域的南部、东部及东北部发育大面积风成沙丘沉积。上述区域位于下风口的迎风位置，风跨越湖盆的长途吹送致使风力逐渐减弱，搬运的物质便沉积下来，在迎风岸堆积成外貌呈新月形沙丘和沙丘链，平行于岸线呈带状展布，沉积物为细粉砂，分选性磨圆度均较好。迎风坡向湖一侧坡度缓，坡上发育风成波痕，形状不对称（姜在兴等，2017）。

3. 对岩性油气藏精细勘探的启示

（1）博斯腾湖现代沉积研究表明，断裂构造影响着水系分布，水系又决定着沉积体系展布。可以借鉴此现代湖盆沉积模式及成因机制，在古代陆相含油气盆地中利用断裂及古构造线索推断沉积体系展布及相带边界。

（2）总结不同环境下沉积体系和相带展布的差异，建立沉积体系和储层分布预测模型，借鉴现代沉积模式，恢复古代含油气盆地沉积原貌，可用于地下相研究，提高储层预测的精度（师永民等，2008）。

参 考 文 献

姜在兴，王雯雯，王俊辉，等，2017. 风动力场对沉积体系的作用［J］. 沉积学报，35（5）：863-876.

李双建，王清晨，李忠，等，2006. 砂岩碎屑组分变化对库车坳陷和南天山盆山演化的指示［J］. 地质科学，41（3）：465-478.

李双应，杨栋栋，王松，等，2014. 南天山中段上石炭统碎屑岩岩石学、地球化学、重矿物和锆石年代学特征及其对物源区、构造演化的约束［J］. 地质学报，88（2）：167-184.

李忠，王道轩，林伟，等，2004. 库车坳陷中—新生界碎屑组分对物源类型及其构造属性的指示［J］. 岩石学报，20（3）：655-666.

刘崚，董月霞，谭靖，等，2007. 沉积岩中稳定重砂矿物的成岩蚀变特征及其指示意义［J］. 地质科技情报，26（6）：10-16.

鹿洪友，操应长，姜在兴，2003. 断陷湖盆沉积作用的基本方程及其应用［J］. 石油勘探与开发，30（3）：19-22.

裘亦楠，1992. 中国陆相碎屑岩储层沉积学的进展［J］. 沉积学报，10（3）：16-24.

师永民，董普，张玉广，等，2008. 青海湖现代沉积对岩性油气藏精细勘探的启示［J］. 天然气工业，28（1）：54-57.

王中波，杨守业，李萍，等，2006. 长江水系沉积物碎屑矿物组成及其示踪意义［J］. 沉积学报，24（4）：570-578.

张美华，2014. 三角洲在坳陷盆地沉积中所占比例研究［J］. 沉积与特提斯地质，34（3）：44-51.

赵雪松，高志勇，冯佳睿，等，2014. 库车前陆盆地三叠系—新近系重矿物组合特征与盆山构造演化关系［J］. 沉积学报，32（1）：68-77.

朱红涛，徐长贵，朱筱敏，等，2017. 陆相盆地源—汇系统要素耦合研究进展［J］. 地球科学，42（11）：1851-1870.

第七章　将今论古在准噶尔盆地中生代岩相古地理研究中的应用

近年来，在新疆准噶尔盆地西北缘三叠系百口泉组与南缘高探 1 井、呼探 1 井的白垩系清水河组砂砾岩中均取得了重大发现（匡立春等，2014；唐勇等，2014；杜金虎等，2019），表明准噶尔盆地深层中生界具有巨大的油气勘探潜力。而在准噶尔盆地深层，特别是南缘下组合（中生界）油气勘探程度低、埋深大、钻井揭示少、地震成像复杂且多解性强（李本亮等，2011；管树巍等，2012），致使深层有利砂体的分布预测较为困难，这也是制约准噶尔盆地南缘大规模油气勘探突破的关键问题之一。本章运用"将今论古"的方法，通过对博斯腾湖及其周缘多类型沉积体系的研究，形成了厘定物源区范围和湖岸线演化位置的地质参数与方法，恢复了准噶尔盆地西北缘三叠系百口泉组湖岸线演化规律，以及南缘早侏罗世—早白垩世岩相古地理特征，刻画有利储集体展布，为深层油气勘探提供重要的地质依据，也为我国陆相湖盆沉积学的研究提供有益补充。

第一节　西北缘百口泉组扇三角洲与湖岸线演化关系恢复

湖岸线附近是岩性地层油气藏发育的有利位置（卫平生等，2007），古湖岸线对于砂体和油气的分布具有明显的控制作用（姜在兴等，2010）。前人通过研究注意到准噶尔盆地西北缘玛湖凹陷周缘百口泉组沉积时期，随着湖平面上升（邹妞妞等，2015；张顺存等，2015；黄云飞等，2017），扇三角洲前缘亚相逐步向斜坡区上倾方向扩展，含油层位逐渐变新。扇三角洲前缘亚相在垂向上控制储层物性、含油性，在平面上控制着油气分布与富集。因此，湖岸线迁移的定量评价即扇三角洲前缘与平原界限的厘定，可为预测有利储集体的展布范围提供地质基础。关于百口泉组扇三角洲平原与前缘的界限前人已开展了预测分析，方法主要有两种：一是通过对多口钻井中砂砾岩中砾石排列定向性研究等岩石学和沉积特征分析加以界定（于兴河等，2014；张昌民等，2016；黄远光等，2018a，b），如扇三角洲平原岩性为砾岩、砂砾岩及泥岩，多呈氧化色（褐色、棕色及杂色），扇三角洲前缘水下分流河道主要为灰色、灰绿色含砾砂岩和砂岩，砾岩量少，以颗粒支撑为主，磨圆较好；二是通过地球物理方法，恢复百口泉组沉积前古地貌（张坦等，2018），识别不同级次的坡折带，进而预测湖岸线的演化（雷振宇等，2005；黄林军等，2015）。可以说前人的预测结果仍存在一定的推测性和不确定性。通过对博斯腾湖北缘现代扇三角洲沉积考察及地质条件分析后认为，可采用"将今论古"的方法，分析现代扇三角洲砂砾质的沉积特征，定量评价砾石特征参数，建立现代扇三角洲砾石变化与沉积搬运距离关系、砂砾质沉积物特征与湖岸线关系，基于现代与古代扇三角洲与湖泊关系相似性分析，形成厘定古湖岸线发育部位与扇三角洲沉积物关系的地质参数，为玛湖凹陷百口泉组沉积时期的岩相古地理恢复及有利储集体展布范围预测提供地质参数。

一、西北缘玛湖凹陷周缘百口泉组砾石沉积特征

准噶尔盆地西北缘玛湖凹陷周缘下三叠统百口泉组主要以灰色、褐色砂砾岩、含砾泥质粉砂岩、泥质粉砂岩为主，夹灰褐色、褐色泥岩及砂质泥岩，地层厚度 130～240m。玛湖凹陷周缘百一段厚度 30～50m，为灰色砂砾岩，其他地区以褐色砂砾岩为主，夹棕灰色含砾泥岩。百二段厚度 60～100m，下部岩性主要为褐色砂砾岩，岩性较致密，物性差；上部岩性以灰绿色砂砾岩为主，夹棕灰色泥岩，为玛湖凹陷周缘主要储集层段，储层分布相对稳定。百三段厚度 40～90m，为灰绿色砂砾岩与泥岩互层。百口泉组主体属平缓斜坡背景下浅水环境沉积，整体为水体不断加深、湖侵的过程（高志勇等，2019a）。

通过对玛湖凹陷周缘 15 口钻井岩心中的砾石特征进行了详细描述与测量，每段岩心中测量的砾石数量大于 100 颗，测量砾石的最大粒径及平均粒径。如表 7-1 与图 7-1、图 7-2 和图 7-3 所示，位于玛湖凹陷西北部的黄 3 井、百 202 井、艾湖 2 井、艾湖 1 井，北部的风南 10 井、夏 723 井、玛 11 井、玛 001 井，东部的达 9 井等多个井区百口泉组中，不同埋藏深度的砂砾岩中的最大砾径、平均砾径区别较大，埋藏深度大的砾石最大砾径、平均砾径均比埋藏深度浅的砾径大，埋藏深度相差数十米至百余米（图 7-1）。再者，不同井区的砂砾岩中砾石成分差别也较大（表 7-1、图 7-1）。位于玛湖凹陷西北部的黄 3 井、百 202 井、百 64 井、玛 003 井、艾湖 2 井等，砾石成分主要为凝灰岩、粉细砂岩、变质石英岩、中酸性火山岩及花岗岩组合；位于玛湖凹陷北部的风南 10 井、夏 761 井、夏 723 井、玛 11 井、玛 20 井等，砾石成分主要为安山岩、英安岩、凝灰岩、粉细砂岩、变质石英岩及花岗岩组合；位于玛湖凹陷东部的盐北 2 井、盐 001 井、达 13 井、达 9 井等，砾石成分主要为凝灰岩、粉细砂岩、变质石英岩、中酸性火山岩及流纹岩组合；位于玛湖凹陷中部的玛 001 井、玛 18 井、艾湖 1 井等，砾石成分主要为凝灰岩、脉石英、粉细砂岩、中酸性火山岩及变质石英岩组合（高志勇等，2019a）。

由上述分析可知，玛湖凹陷周缘多口井砂砾岩中砾石的最大砾径、平均砾径具有向上变小的规律，特别是位于玛湖凹陷中部的玛 18 井、艾湖 1 井、艾湖 2 井等，砾石的最大砾径比其余井区的均大，且砾石的成分也与其余井区有差别。由此特征表明，百口泉组砂砾岩沉积是退积过程，即随着湖平面的不断上升，扇三角洲发生明显的退积作用，这与前人的研究观点一致。同时，位于玛湖凹陷中部的玛 18 井、艾湖 1 井、艾湖 2 井、玛 001 井等中的百一段砂砾岩，应是百口泉组最初沉积时期的产物，即沉积层序中的低位扇体，也是现今玛湖凹陷深层有利储集体发育部位的指向区（高志勇等，2019a）。

二、将今论古对比分析百口泉组湖岸线演化

1. 将今论古对比条件的相似性

对比分析玛湖凹陷及周缘与现今南天山前博斯腾湖周缘沉积背景条件（表 7-2），在构造地质背景、气候条件、扇体沉积区面积、沉积坡度、扇三角洲延伸距离、砾石成分等方面均有一定的相似性。准噶尔盆地西北缘玛湖凹陷晚石炭世—中三叠世的构造演化划分

表7-1 玛湖凹陷周缘百口泉组砾岩中砾石成分、砾径及沉积搬运距离关系数据（据高志勇等，2019a）

井号	深度（m）	层段	砾石成分及接触关系	砾岩颜色	砾径（cm）	最大砾径砾石搬运距离（km）	平均砾径砾石搬运距离（km）
百64	2739~2740.6	百二段	凝灰岩、粉细砂岩、泥岩、少量酸性喷出岩、花岗岩、变质石英岩，砾岩中砾石压实较紧密	灰色、灰绿	最大6；平均1.914	19.5	39.5
玛18	3866.93~3876.13	百二段	凝灰岩、石英砾、次要粉细砂岩、花岗岩，少量中酸性喷出岩、花岗岩	灰色	最大10；平均2.351	10.6	35.9
达9	4673.06~4677.06	百二段	凝灰岩、次要花岗砂岩、流纹岩；砾岩中较多泥质	灰色	最大5.8；平均1.909	20.1	39.6
达9	4724.03~4732.03	百一段	凝灰岩、次要泥粉砂岩、少量中酸性喷出岩、流纹岩，砾石颗粒接触较紧密	灰色、灰绿	最大6.5；平均2.337	18.2	36.0
达13	4228.2	百二段	凝灰岩、次要砂岩、安山岩、少量变质砂岩、英安岩、变质石英岩，砾石颗粒接触紧密大量泥质充填，孔隙较差	灰色	最大1.2；平均0.68	47.7	57.6
艾湖1	3815.11~3822.95	百三段	—	灰色	最大7.3；平均2.548	16.1	34.5
艾湖1	3846.13~3854.23	百二段	粉细砂岩、次要凝灰岩、少量中酸性喷出岩、石英岩、脉石英等	灰色	最大10；平均2.399	10.6	35.6
艾湖2	3284.42~3289.01	百二段	泥粉砂岩、次要凝灰岩、少量酸性喷出岩、砾石间粗砂填充，颗粒接触密较粒间泥质充填，个别砾石漂浮在粗砂质中	灰绿、暗红	最大6.5；平均1.719	18.2	41.4
艾湖2	3349.08~3351.32	百一段	粉砂岩、泥岩、次要凝灰岩、少量流纹岩、变质石英岩等，砾石内红褐色铁泥质较多	灰绿、红褐	最大9；平均1.917	12.5	39.5
黄3	2425.1~2427.38	百三段	—	灰绿色	最大6.5；平均2.438	18.2	35.3
黄3	2523~2527.45	百二段	凝灰岩、次要泥粉砂岩、少量变质砂岩、中酸性喷出岩、砾石边缘有粒接缝	灰红色	最大8；平均2.826	14.5	32.7
玛001	3486~3491.1	百二段	石英岩、次要凝灰岩、花岗岩、少量泥岩、砾石点-线状接触	杂色	最大4.3；平均1.576	25.4	42.9
玛001	3510.01~3515.6	百一段	—	杂色	最大6.8；平均2.357	17.4	35.9

井号	深度（m）	层段	砾石成分及接触关系	砾岩颜色	砾径（cm）	最大砾径砾石搬运距离（km）	平均砾径砾石搬运距离（km）
玛003	3543~3550.3	一	细砂岩、粉砂岩、次要凝灰岩、少量泥岩、变质石英岩、砾石线状接触为主	杂色	最大 8；平均 2.264	14.5	36.6
玛东 2	3640.2~3644.2	百二段	凝灰岩、次要流纹岩、少量砂岩、泥粉砂岩、变质石英岩；砾岩中砾石边缘粒缘缝，个别凝灰岩砾石受挤压发生破裂，方解石充填于破裂缝内	灰绿色	最大 9；平均 2.267	12.5	36.5
玛11	3418.87~3422.77	百二段	凝灰岩、次要粉细砂岩、中酸性喷出岩、少量安山岩、流纹岩、泥岩；砾石中变质粉砂岩增多，大量分解方解石胶结，致密，孔隙不发育，少量砾石面铁质充填呈红褐色	灰色	最大 4.5；平均 1.361	24.6	45.5
玛11	3562.64~3564.1	百一段	细砂岩、次要凝灰岩、少量中酸性喷出岩、变质石英岩、流纹岩；砾石整体呈红褐色，砾石压实紧密日本身见红褐色铁泥质	红褐色	最大 8；平均 1.88	14.5	39.8
百 202	2399.1~2404.1	百一段	—	灰绿色	最大 4.1；平均 1.57	26.2	43.0
百 202	2452~2457.5	百一段	石灰岩、次要粉细砂岩、花岗岩、少量变质石英岩、砾石线状接触为主	灰绿色	最大 6.7；平均 1.68	17.6	41.8
夏 723	2718.1	百二段	凝灰岩、英安岩、次要砂岩、酸性火山岩、少量花岗斑岩、变质石英岩、砾石间点一线状接触，粒间泥质充填	灰绿色	最大 2.2；平均 0.56	37.1	60.9
夏 723	2730.6	百二段	凝灰岩、安山岩、次要变质石英岩、酸性火山岩、花岗岩；砾石间点一线状接触，粒间泥质充填，见粒缘缝	灰绿色	最大 2.9；平均 0.67	32.3	57.8
风南 10	2730.4	百二段	英安岩、变质石英岩、次要砂岩、少量凝灰岩、砾石间点一线状接触	灰色	最大 2.5；平均 0.77	34.8	55.4
风南 10	2770.3	百二段	安山岩、凝灰岩、次要砂岩、少量花岗斑岩、砾石间点一线状接触	灰色	最大 2.8；平均 0.97	32.8	51.3

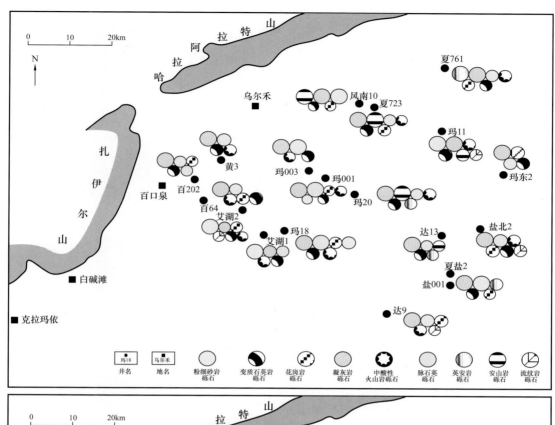

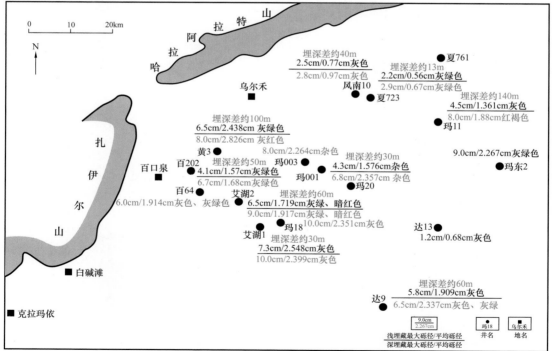

图 7-1　玛湖凹陷周缘百口泉组砾岩砾石成分与砾径特征平面分布图（据高志勇等，2019a）

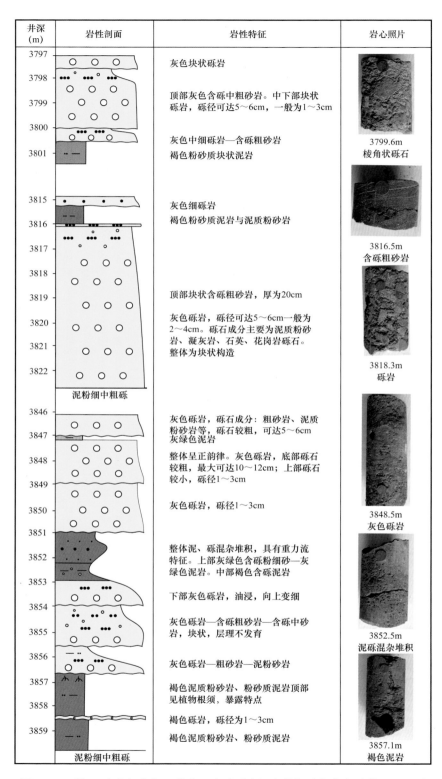

井深 (m)	岩性剖面	岩性特征	岩心照片
3797–3801	泥粉细中粗砾	灰色块状砾岩 顶部灰色含砾中粗砂岩。中下部块状砾岩，砾径可达5~6cm，一般为1~3cm 灰色中细砾岩—含砾粗砂岩 褐色粉砂质块状泥岩	3799.6m 棱角状砾石
3815–3822	泥粉细中粗砾	灰色细砾岩 褐色粉砂质泥岩与泥质粉砂岩 顶部块状含砾粗砂岩，厚为20cm 灰色砾岩，砾径可达5~6cm一般为2~4cm。砾石成分主要为泥质粉砂岩、凝灰岩、石英、花岗岩砾石。整体为块状构造	3816.5m 含砾粗砂岩 3818.3m 砾岩
3846–3859	泥粉细中粗砾	灰色砾岩，砾石成分：粗砂岩、泥质粉砂岩等，砾石较粗，可达5~6cm 灰绿色泥岩 整体呈正韵律。灰色砾岩，底部砾石较粗，最大可达10~12cm；上部砾石较小，砾径1~3cm 灰色砾岩，砾径1~3cm 整体泥、砾混杂堆积，具有重力流特征。上部灰绿色含砾粉细砂—灰绿色泥岩。中部褐色含砾泥岩 下部灰色砾岩，油浸，向上变细 灰色砾岩—含砾粗砂岩—含砾中砂岩，块状，层理不发育 灰色砾岩—粗砂岩—泥粉砂岩 褐色泥质粉砂岩、粉砂质泥岩顶部见植物根须，暴露特点 褐色砾岩，砾径为1~3cm 褐色泥质粉砂岩、粉砂质泥岩	3848.5m 灰色砾岩 3852.5m 泥砾混杂堆积 3857.1m 褐色泥岩

图 7-2　玛湖凹陷中部艾湖 1 井岩心中砂砾岩沉积特征（据高志勇等，2019a）

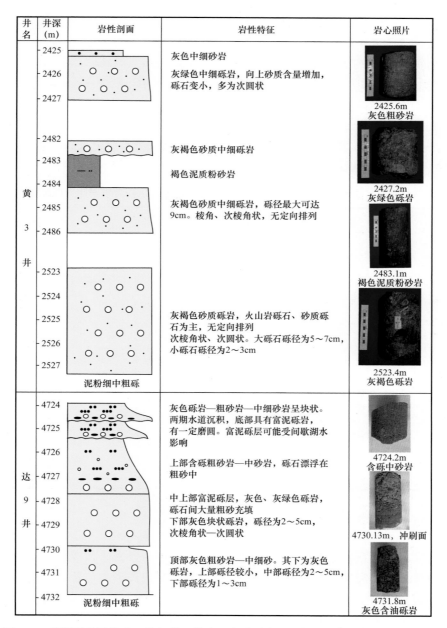

井名	井深(m)	岩性剖面	岩性特征	岩心照片
黄3井	2425–2427		灰色中细砂岩 灰绿色中细砾岩，向上砂质含量增加，砾石变小，多为次圆状	2425.6m 灰色粗砂岩
	2482–2486		灰褐色砂质中细砾岩 褐色泥质粉砂岩 灰褐色砂质中细砾岩，砾径最大可达9cm。棱角、次棱角状，无定向排列	2427.2m 灰绿色砾岩 2483.1m 褐色泥质粉砂岩
	2523–2527		灰褐色砂质砾岩，火山岩砾石、砂质砾石为主，无定向排列 次棱角状、次圆状。大砾石砾径为5~7cm，小砾石砾径为2~3cm	2523.4m 灰褐色砾岩
达9井	4724–4732		灰色砾岩—粗砂岩—中细砂岩呈块状。两期水道沉积，底部具有富泥砾岩，有一定磨圆。富泥砾层可能受间歇湖水影响 上部含砾粗砂岩—中砂岩，砾石漂浮在粗砂中 中上部富泥砾层，灰色、灰绿色砾岩，砾石间大量粗砂充填 下部灰色块状砾岩，砾径为2~5cm，次棱角状—次圆状 顶部灰色粗砂岩—中砂。其下为灰色砾岩，上部砾径较小，中部砾径为2~5cm，下部砾径为1~3cm	4724.2m 含砾中砂岩 4730.13m，冲刷面 4731.8m 灰色含油砾岩

图 7-3 玛湖凹陷周缘达 9 井与黄 3 井岩心中砂砾岩沉积特征（据高志勇等，2019a）

为 3 个阶段，晚石炭世—早二叠世佳木河组沉积期断陷发育期，早二叠世风城组沉积期断陷期，中二叠世—中三叠世挤压逆冲发育期（何登发等，2018）。早三叠世百口泉组沉积时期，玛湖凹陷处于挤压逆冲发育期的构造背景，岩性以褐—紫红色砂岩和砂砾岩为主，反映了早三叠世属气候干旱沉积时期（黄云飞等，2017；何登发等，2018）。百口泉组沉积时期，玛湖凹陷周缘发育多个扇体（唐勇等，2014），重点层段百二段沉积期发育的扇三角洲延伸距离（含平原与前缘）各有不同。其中，中拐扇三角洲整体延伸约为 46km，平原区长度约为 32km；克拉玛依扇三角洲整体延伸约 29km，平原区长度仅为 9km；黄羊泉扇三角洲整体延伸约54km，平原区长度约为24km；夏子街扇三角洲整体延伸约44km，平原区长度约为35km；盐北扇三角洲整体延伸约25.0km，平原区长度仅为8.5km；夏盐扇三角洲整体延伸约52.5km，平原区长度约为32.5km。玛湖凹陷斜坡区古地形坡度1°～4°（唐勇等，2014），位于博斯腾湖北缘的现代清水河扇三角洲沉积坡度为0.1°～2.0°（表7-2），百口泉组扇三角洲的沉积坡度与现代清水河扇三角洲沉积坡度较为接近。百口泉组扇三角洲的砾石成分与现代清水河扇三角洲沉积的砾石成分组合特征也有较好相似性（表7-2）。基于上述相似性分析，认为现代博斯腾湖北缘清水河扇三角洲与玛湖凹陷周缘的百口泉组扇三角洲沉积可进行对比（高志勇等，2019a）。

表7-2　准噶尔盆地西北缘玛湖凹陷与现今南天山前博斯腾湖周缘沉积背景对比（据高志勇等，2019a）

对比条件	玛湖凹陷及周缘	博斯腾湖及周缘
构造地质背景	挤压逆冲构造背景	挤压背景下山间盆地
气候条件	干旱	干旱—半干旱
扇体沉积区面积	东西宽约137km，南北宽110km，面积约15000km^2	东西宽170km，南北宽50km，8500km^2
沉积坡度	斜坡区古地形坡度1°～4°	0.1°～2.0°
百二段扇三角洲延伸距离（平原+前缘）	中拐扇46km，平原32km；克拉玛依扇29km，平原9km；黄羊泉扇54km，平原24km；夏子街扇44km，平原35km；盐北扇25.0km，平原8.5km；夏盐扇52.5km，平原32.5km	清水河扇三角洲平原32km；曲惠河扇三角洲平原30km；马兰红山扇三角洲平原31km
沉积物类型	砂砾质、泥质	砂砾质、泥质
砾石成分	凝灰岩、粉细砂岩、变质石英岩、中酸性火山岩、花岗岩、安山岩、英安岩、流纹岩等	混合岩、中酸性喷出岩、花岗岩、变质石英岩、粉细砂岩、凝灰岩等

2. 百口泉组砾石沉积搬运距离计算

砾石的成分、砾石母岩的硬度与其搬运距离关系较为紧密（程成等，2012），石英颗粒的耐磨性最强，花岗岩和长石依次减弱，石灰岩磨损损失最大。若以一块边长为10cm的石灰岩立方体为例，在流水的搬运作用下，大约经过40km的距离，便可被磨损殆尽（何开华，1988）。Plumleg研究黑山河地区河流中石灰岩砾石，由物源区搬运18km至37km时变成极圆状（张庆云等，1986）；Schee研究科罗拉多河砾石中的石英，搬运不到161km就变成极圆状；昂路格在研究Dunajec河砾石中的花岗岩砾石搬运125km达到极圆状。

近十年来，针对砾石定量研究恢复古沉积环境也越来越受到学者们的重视，取得了一定的进展。高志勇等（2015a，b，2016）等通过对库车坳陷北部野外露头侏罗系—新近系多套砾岩研究，半定量评价了南天山山前砾石的沉积搬运距离，并建立了估算公式、沉积相类型、砾岩结构及砾石磨圆度、砾石成分等沉积搬运距离定量估算原则；万静萍等（1989）利用河西走廊昌马冲积扇砾石直径的实测资料，建立了砾石平均直径和砂砾岩厚度与搬运距离关系的指数方程，并根据此方程及白垩系沉积地层等厚线走向的延伸趋势，对酒西地区祁连山北缘的白垩系变形盆地的原始沉积边界做了恢复；傅开道等（2006）通过对青藏高原北部具有代表性砾石层的砾石粒径变化展开研究，认为研究区砾石粗细的变化可以反映季风气候的暖湿和干冷变化；陈留勤等（2013）对江西抚崇盆地上白垩统河口组的砾石层进行了19个测点的砾石分析，对砾石的粒径、磨圆和风化程度等进行了详细统计及研究，对河口组砾岩的物质来源、成因和形成条件等进行分析和讨论。

运用公式 $S=50.852-17.47×\ln D$（S 为沉积搬运距离；D 为砾径），对表 7-1 中玛湖凹陷周缘多口钻井中的砾石沉积搬运距离进行了定量计算（表 7-1），百一段沉积时期玛湖凹陷周缘艾湖 1 井、玛 001 井、达 9 井平均砾径较大，沉积搬运距离较短，一般为 35.6～36.0km；百 202 井、艾湖 2 井、玛 11 井的平均砾径减少，计算的沉积搬运距离为 39.5～41.8km；百二段沉积时期，玛湖凹陷周缘百 64 井、艾湖 2 井、玛 003 井、玛 001 井、达 9 井等的平均砾径较大，计算的砾石沉积搬运距离为 34.5～42.9km，推测该区域内砂砾岩为百二段早期沉积产物；百 202 井、风南 10 井、夏 723 井、达 13 井的平均砾径变小，计算的砾石沉积搬运距离为 43.0～57.8km，该井区内砾石为百二段中晚期湖平面持续上升、沉积物源区后退的退积产物。位于玛湖凹陷西北部的黄 3 井，靠近物源区，平均砾径较大，计算的砾石沉积搬运距离为 32.7km。东部玛东 2 井同样靠近物源区，平均砾径较大，计算的砾石沉积搬运距离为 36.5km；百三段沉积时期，位于玛湖凹陷西北部的黄 3 井靠近物源区，平均砾径较大，计算的砾石沉积搬运距离为 35.3km。北部的玛 11 井平均砾径相对较小，计算的砾石沉积搬运距离为 45.5km（高志勇等，2019a）。

3. 百口泉组沉积时期湖岸线演化的恢复

定量恢复百口泉组沉积时期湖岸线的迁移是基于如下方法开展的：首先是依据砾石沉积搬运距离与湖岸线关系，以及现代扇三角洲平原与湖泊交互区沉积物特征，定量厘定湖岸线的发育位置。清水河扇三角洲由出山口至博斯腾湖的湖岸线距离约为 32km，湖岸线附近植被、砂泥质等发育，湖滩上有小砾石沉积，平均砾径为 2.5～3.0cm，依据式（7-1）计算的湖岸线附近平均砾径约为 2.9cm。由于百口泉组扇三角洲沉积坡度比清水河扇三角洲稍大，推测该时期湖岸线距物源区小于 32km，平均砾径大于 2.9cm。在上述定量计算砾石沉积搬运距离的基础上，认为百口泉组一段沉积时期（图 7-4），玛湖凹陷周缘的艾湖 1 井、玛 001 井、达 9 井平均砾径较大，计算的沉积搬运距离较短，一般为 35.6～36.0km。距物源区较近的百 202 井、艾湖 2 井、玛 11 井的平均砾径减少，计算的沉积搬运距离为 39.5～41.8km。通常情况下，由辫状分流河水所携带的砾石，由物源区向沉积区搬运，砾径应逐渐减小。相反的是，该区的平均砾径距物源区越远，平均砾径越大。这表明二者应不是同一期沉积产物。推测艾湖 1 井、玛 001 井、达 9 井，并包括玛 18 井，应是百一段早期扇体沉积区；百 202 井、艾湖 2 井、玛 11 井应是百一段晚期湖平面上升、沉积物源后退的退积产物；百二段沉积时期（图 7-4），早期湖岸线以内的百 64 井、艾湖 1 井、艾湖 2 井、玛 18 井、玛 001 井、玛 003 井及达 9 井等砾石沉积搬运距离 34.5～42.9km，而距离物源区更近的百 202 井、风南 10 井、夏 723 井、达 13 井中的砾石计算的沉积搬运距离更远，达到了 57.8km，同样与由物源区向沉积区搬运，砾径应逐渐减少的常识相悖，由此表明，二者同样不是同一期的沉积产物。推测百 64 井、艾湖 1 井、艾湖 2 井、玛

18 井、玛 001 井、玛 003 井及达 9 井为百二段早期沉积，百 202 井、风南 10 井、夏 723 井、达 13 井中的砾石为百二段晚期沉积。玛东 2 井、黄 3 井中砾石搬运距离为 36.5km、32.7km，表明其与百 202 井、风南 10 井、夏 723 井、达 13 井中的砾石属同一期沉积，平面上具有由物源区向沉积区平均砾径明显的减小趋势，玛东 2 井、黄 3 井中砾石同样属百二段晚期沉积。百三段沉积时期，湖岸线位于黄 3 井与玛 11 井之间（图 7-4）。由上述分析可知，百一段发育早期扇体沉积，有利储集体主要位于艾湖 1 井、玛 18 井、玛中 1 井、玛中 2 井及其以南地区。百二段沉积时期，湖平面持续上升，湖侵次数应在两期以上，沉积物源区向玛湖凹陷西北部、北部及东部迁移，湖岸线及扇三角洲前缘相带逐步向物源区方向靠近。百三段沉积时期，湖岸线及扇三角洲前缘相带已退至物源区附近，其他地区以滨浅湖沉积为主，湖岸线附近是砂砾岩体主要发育位置。

其次，依据前人湖岸线平面展布特征及扇三角洲平原与前缘相带分布认识，进一步厘定并完善了百口泉组沉积时三期湖岸线的位置。何文军等（2017）认为百口泉组沉积前古地貌存在三级坡折带，一级坡折带向山一侧为古构造高点，是冲积扇发育的部位，二级、三级坡折带为水下沉积。一级坡折带对应于最大湖平面，三级坡折带对应于最小湖平面；黄远光等（2018a，b）通过对定向性排列特征等岩石学和沉积特征分析，认为风南 16 井百二段为扇三角洲平原沉积，达 11 井百一段、艾湖 2 井百一段等为扇三角洲前缘沉积；曹小璐等（2017）运用地球物理方法刻画百口泉组二段沉积微相特征，识别出玛湖凹陷东部湖岸线的展布位置。

最后，依据玛湖凹陷周缘多口钻井中砾石成分的不同（表 7-1），以及前人有关百口泉组沉积物源区特征的成果，确定砾石沉积搬运的主要来源与方向。玛湖凹陷三叠系百口泉组沉积时期存在三个大的物源区，北部及西部物源主要是由哈拉阿拉特山和扎伊尔山老山剥蚀区提供稳定的物源。西部、北部的准噶尔盆地界山主要是在海西运动中晚期的石炭纪—二叠纪早期，造山带快速隆升且遭受剥蚀构成主要物源区。东部的夏盐物源主要由陆梁隆起带剥蚀供源，陆梁隆起也是在海西晚期形成的古隆起，二叠纪至三叠纪早中期一直处于隆升状态，夏盐凸起处于湖盆边缘，为较稳定的剥蚀供源区（单祥等，2016）。任本兵等（2016）恢复出的百口泉组扇三角洲沉积的 6 个主沟槽，代表了 6 个主要物源的方向。

通过上述工作恢复出的百口泉组沉积时期湖岸线演化规律与张坦等（2018）通过百口泉组层序地层学分析获得的湖平面变化曲线特征相一致，即百一段对应一次完整的湖侵—湖退旋回，百二段对应两次完整的湖侵—湖退旋回，百三段对应一次完整较大规模的湖侵—湖退旋回（图 7-4）。由此，也印证了本方法恢复出的百口泉组沉积时期湖岸线迁移的准确性与科学性。明确了百口泉组沉积时期岩相古地理的重要地质参数，为准确恢复百口泉组沉积时期岩相古地理特征提供了重要依据。

特别要指出的是，通过现代扇三角洲沉积体系表面降低梯度即沉积坡度研究后认为，沉积坡度降低值的突然变大，会引起河道类型、河道宽度的变化，以及砾质沉积物粒径的变化。这一认识对在更大比例尺度内厘定单一扇三角洲平原或前缘的辫状河道形态变化及沉积物粒径变化有参考意义。再者，应用本方法厘定的百口泉组湖岸线展布位置与演化特征具有一定的局限性，该方法也是对前人关于湖岸线迁移研究的有益补充（高志勇等，2019a）。

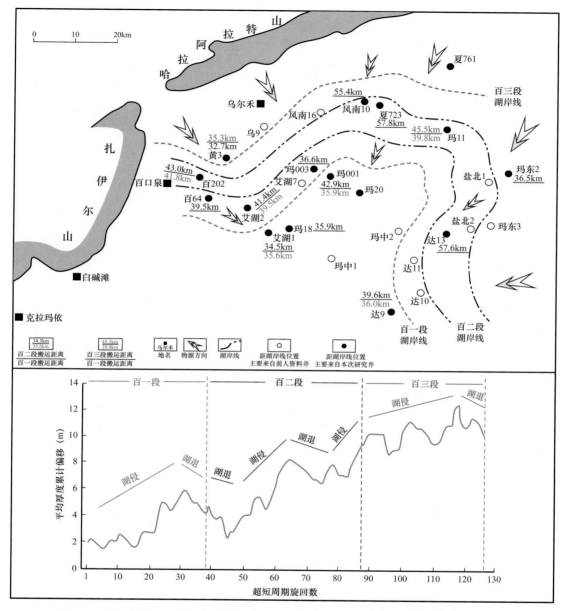

图 7-4 百口泉组沉积时期湖岸线演化与沉积物源区平面分布图（据高志勇等，2019a）

第二节　准噶尔盆地南缘侏罗纪—白垩纪物源区迁移与湖岸线演化特征

在陆相沉积盆地中，砾岩主要分布在盆地边缘，分布区域较为局限。一般情况下，盆地边缘发育巨厚的砾岩层段，相应地向盆地内延伸则有厚层的砂砾岩、砂岩等存在。万静萍等（1989）统计了酒西盆地多口钻井中砂砾岩厚度，认为砂砾岩厚度与搬运距离呈指数关系并由盆缘向盆地内延伸。可见，砾石成分可直接反映物源区的母岩成分（刘宝珺等，1984；李忠等，2004），砾石粒度的大小反映了距物源区的距离。前人对砾岩的岩石学特征、沉积环境、砾岩与构造运动关系，以及反映沉积物源区迁移等方面开展了大量研究。

湖岸线附近有利于岩性地层油气藏的发育，古湖岸线控制着砂体和油气的分布范围（姜在兴等，2010）。前人就现代和古代的湖岸线迁移做了较多研究，裴善文等（1988）对湖岸周边5期沙堤及古土壤的研究后认为，兴凯湖在五万多年的时间里北岸线有三次大的变迁，湖退了15.5km；纪友亮等（2005）对东濮凹陷沙河街组沙三段沉积期单层盐岩的厚度来确定湖平面下降最小值，盐岩沉积时期的湖岸线与正常湖岸线相距较远；杨克文等（2009）认为划分出三角洲平原和三角洲前缘十分重要，两者之间的分界线就是湖岸线；姜在兴等（2010）认为古湖岸线的识别是沉积环境恢复过程，可利用地貌特征进行古湖岸线识别；刘启亮等（2011）运用铁元素地球化学特征，并结合辫状河三角洲平原和前缘在岩性、粒度、沉积构造、生物化石等方面的特征，确定湖岸线位置；高志勇等（2019a）通过建立现代扇三角洲砾径与沉积搬运距离关系、砾径与湖岸线位置变化，恢复了准噶尔盆地西北缘百口泉组沉积期的湖岸线迁移特征。

准噶尔盆地南缘（简称准南）深层下组合（中生界）勘探程度低，野外剖面展示出侏罗系砂体分布厚度大、面积广、储集性好等特征（林潼等，2013）。准南中段乌奎背斜带侏罗系埋深达6000~7000m，由于揭示侏罗系深层的钻井非常少，地震成像复杂、多解性强，造成传统的利用地震相、测井相、岩心资料等研究沉积相并预测砂体展布较为困难，严重制约了准南深层的油气勘探。在低勘探程度区，探寻深部中生界油气地质特征，若能够找到较准确反映物源区变化、湖岸线迁移的定量评价参数，可为原盆岩相古地理恢复，预测有利储集体展布范围提供技术支撑。我们注意到，在准南侏罗系—白垩系野外剖面中，以砂砾岩和泥岩互层沉积为主（况军等，2014）。厚层的砂砾岩发育层段，对应着向湖盆方向沉积更广泛的储集体范围。基于上述思考，可采用"将今论古"的方法，通过分析博斯腾湖周缘多类型沉积体系及定量评价砾石参数特征，建立现代冲积扇、扇三角洲平原、河流等沉积体砾径与搬运距离关系式，应用于准南侏罗系—白垩系野外露头中的沉积相、平均砾径与沉积搬运距离关系等对比，形成判断沉积物源区与湖岸线的地质参数，恢复准南等低勘探程度区盆地原型的岩相古地理特征，为预测有利储集体的展布范围提供参数依据。

一、现代沉积砾石与物源区和湖岸线的关系

采用"将今论古"的方法分析现代沉积的砾石与物源区和湖岸线的关系，研究工区的选取至关重要。本次研究的准噶尔盆地南缘主体西起乌苏，东至乌鲁木齐—阜康一线，东西长约300km，南北宽约100km，面积可达$3×10^4km^2$左右（林潼等，2013）。考察现今新疆天山南北地区发育大量现代冲积扇与河流等沉积，只有位于焉耆盆地的博斯腾湖及其周缘发育冲积扇、扇三角洲、河流—三角洲、沼泽、滨浅湖及滩坝等多类型沉积体。焉耆盆地是天山主脉与其支脉之间的中生代断陷盆地，东西长170km，南北宽80km，面积约13000km²。博斯腾湖是我国最大的内陆淡水湖，东西长55km，南北宽25km，水域面积800多平方千米，其周缘发育了开都河及其三角洲、黄水沟冲积扇、马兰红山扇三角洲、湖相滩坝、风成沙丘等多类型沉积体。从多类型沉积相发育特征、物源区碎屑组分以及工

作容易开展等多方面来看，其是现今陆相湖盆沉积特征与天山南北古代沉积体类比的理想场所。

依据前人提出的测量砾石粒度的方法（吴磊伯，1957；吴磊伯等，1958；吴磊伯和沈淑敏，1962），对分布于博斯腾湖北缘有持续物源供给的黄水沟冲积扇辫状河道内、马兰红山扇三角洲平原分流河道内、开都河山间河段—辫状河段—曲流河段河道内的砾石，开展了砾石 a 轴（长径）、b 轴（中径）和 c 轴（短径）的长度和砾石排列分布的倾向与倾角的测量工作。在这三种沉积相类型中，沿物源区—沉积区下游河道设置了多个考察点，在每个考察点根据砾石沉积特征的不同，选取多个测量点，每个测量点面积不小于 $1m^2$ 并随机选取大于 100 个砾石进行测量。在获得大量数据基础上，主要选取平均砾径 $\bar{d}$，建立其与沉积搬运距离关系式。计算每个砾石的平均砾径 $\bar{d}$，首先计算出各砾轴的平均砾径 $\bar{d}_a$、$\bar{d}_b$、$\bar{d}_c$，再计算等体积球径而得出的，即 $\bar{d}=\sqrt[3]{\bar{d}_a \cdot \bar{d}_b \cdot \bar{d}_c}$（李应运和方邺森，1963；朱大岗等，2002）。

通常情况下，在冲积扇、扇三角洲甚至河流相沉积中是有较多重力流等事件沉积发育的，笔者为了建立物源区与湖泊沉积区的联系，选取的砾石主要分布在河道内（含辫状坝），即明显的牵引流为主作用下的砾石沉积物，这样建立的平均砾径 $\bar{d}$ 与沉积搬运距离之间的关系符合从源到汇的地质条件。

1. 冲积扇相砾石沉积与物源区关系

黄水沟出山口后形成复合冲积扇，扇体长约 18km，宽约 19km，扇中部有新近系安吉然组沉积的弱固结扇体抬升并出露，现今多期冲积扇前积（高志勇等，2019b）。第二章中通过分析冲积扇辫状河道内砾石成分，测量砾径，计算砾石的球度、扁度及平均砾径并与沉积搬运距离进行对比，建立了黄水沟复合冲积扇辫状河道内的平均砾径（$\bar{d}$）变化与沉积搬运距离关系式（高志勇等，2019b）：

$$S=-25.52\ln D+71.747 \qquad (7-1)$$

式中，S 为砾石沉积搬运距离，km；D 为平均砾径（$\bar{d}$），cm；公式中的系数 -25.52 反映了平均砾径（$\bar{d}$）纵向变化的速率，S 与 D 呈负相关关系，式（7-1）为定量分析冲积扇辫状河道内砾石沉积变化提供了重要的分析参数（高志勇等，2019b）。

2. 马兰红山扇三角洲平均砾径变化与物源区、湖岸线关系

茶汗通古河全长 80.0km，出山口以上河流长 50.0km，集水面积 1017km²，出山口以下河流长 30 余千米，最终流入博斯腾湖，形成马兰红山扇三角洲沉积。沿乌什塔拉乡公路向北进入山间盆地，山间盆地内茶汗通古河辫状河道带宽约 130m，河道内发育砾石与沙质沉积，植被较发育，砾石粗大，磨圆较好，呈次棱角—次圆状。砾石成分较多，以花岗岩、花岗斑岩为主，含少量脉石英、变质岩等。第四章通过分析物源区和扇三角洲平原辫状河道内砾石成分，测量砾径，计算砾石的球度、扁度及平均砾径并与沉积搬运距离进行对比，建立了马兰红山扇三角洲平原辫状河道内的平均砾径（$\bar{d}$）变化与沉积搬运距离关系式：

$$S=-12.55\ln D+50.426 \qquad\qquad (7-2)$$

式中，S 为砾石沉积搬运距离，km；D 为平均砾径（$\bar{d}$），cm；公式中的系数 -12.55 反映了平均砾径（$\bar{d}$）纵向变化的速率，S 与 D 呈负相关关系，式（7-2）为定量分析扇三角洲平原辫状河道中砾石沉积变化提供重要的分析参数。

3. 河流相砾石沉积与物源区关系

开都河位于博斯腾湖西北缘，发源于天山中部的依连哈比尔尕山和蒙尔宾山，经大山口流出山口后最终注入博斯腾湖，是博斯腾湖最重要的水源供给河流，常年流水不断并有大量的砂砾质与泥质供给。开都河由上游的察汗乌苏水电站至入湖口发育有山间河段、辫状河段、曲流河段、顺直河段等四种河型，以及三角洲平原分流河道（石雨昕等，2017）。第三章对开都河山间河段—辫状河段—曲流河段的砾石沉积特征进行了分析，建立了开都河此类由山间河段—辫状河段—曲流河段的平均砾径（$\bar{d}$）变化与沉积搬运距离关系式（石雨昕等，2017）：

$$S=-27.16\ln D+110.62 \qquad\qquad (7-3)$$

式中，S 为砾石沉积搬运距离，km；D 为平均砾径（$\bar{d}$），cm；公式中的系数 -27.16 反映了平均砾径（$\bar{d}$）纵向变化的速率，S 与 D 呈负相关关系（石雨昕等，2017）（图 7-5）。

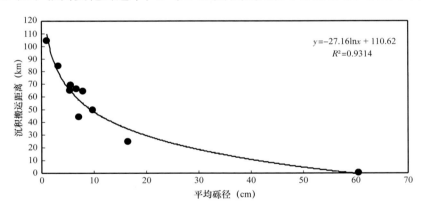

图 7-5　河流相（开都河）平均砾径与沉积搬运距离关系

二、侏罗系—白垩系地质剖面砾石特征

准南侏罗系分布广泛，昌吉一带最厚，由此向东西方向逐渐减薄（邓胜徽等，2010；况军等，2014）。笔者对准南郝家沟—头屯河、呼图壁河、玛纳斯河红沟及安集海河等剖面的侏罗系—白垩系各组主要砾岩发育段的砾石成分和砾径进行了分析与测量。同时，对阜康县三工河剖面、西北缘吐孜阿克内沟剖面侏罗系—白垩系各组砾石成分和砾径等进行了总结。

1. 郝家沟—头屯河剖面

该剖面位于乌鲁木齐市西南约 40km 处。下侏罗统八道湾组底部砂砾岩呈灰白色、灰绿色，与下伏郝家沟组颜色较深的砂砾岩区别明显（邓胜徽等，2010）。八道湾组下段砾岩为灰白色、浅灰绿色中、细砾岩，单层厚40～80cm。砾石成分主要为中酸性火山岩、凝灰岩，少量脉石英、花岗岩、粉细砂岩砾石，呈次棱角状、次圆状，砾径为0.80～2.51cm，平均砾径为1.39cm（表7-3），反映了远源沉积搬运特征。中侏罗统西山窑组中上部发育灰色、浅灰绿色砂砾岩，砾石成分以中酸性火山岩、凝灰岩、脉石英、粉细砂岩、花岗岩等为主，砾径为0.50～2.01cm，平均砾径为1.19cm，同样具有远源沉积搬运特征。中侏罗统头屯河组下段发育多套砂砾岩—泥岩正韵律层，砾岩厚30～60cm，砾石呈次棱角状、次圆状，砾石成分主要为花岗岩、脉石英、粉细砂岩、混合岩等，砾径1.02～3.15cm，平均砾径为1.62cm（表7-3）。下白垩统吐谷鲁群与上侏罗统不整合接触，吐谷鲁群底部为灰绿色巨厚砂岩夹含砾粗砂岩、砂质砾岩（邓胜徽等，2010）。砾石成分主要为粉细砂岩、凝灰岩砾石，少量中酸性火山岩等砾石，砾径为0.52～1.64cm，平均砾径为0.93cm（表7-3）。

表7-3 准噶尔盆地主要野外剖面砾石成分与平均砾径统计数据（据高志勇等，2021）

主要剖面与层位		八道湾组（J₁b）	西山窑组（J₂x）	头屯河组（J₂t）	喀拉扎组（J₃k）	吐谷鲁群（K₁tg）
安集海河剖面	砾石成分	凝灰岩、花岗岩、脉石英，少量混合岩、中基性火山岩、粉细砂岩	砾石分选、磨圆中等	花岗岩、凝灰岩、脉石英，少量混合岩、泥粉砂岩、石灰岩	—	—
	砾径/平均砾径（d̄）（cm）	（1.10～21.74）/3.46	1.0～3.0	（0.84～3.84）/2.09	—	—
玛纳斯剖面	砾石成分	—	灰绿色砾岩，脉石英、花岗岩、中基性火山岩	脉石英、凝灰岩、中基性火山岩、花岗岩	褐色砾岩，主要为凝灰岩、粉砂岩、石灰岩，少量脉石英、花岗岩	灰绿色砾岩，主要粉细砂岩、凝灰岩，少量脉石英、花岗岩、中酸性火山岩
	砾径/平均砾径（d̄）（cm）	—	（0.3～2.5）/0.8	（0.5～3.1）/1.1	（0.36～15.12）/2.93	（0.84～7.06）/2.35
呼图壁河剖面	砾石成分	—	凝灰岩、脉石英、花岗岩砾石，少量中基性火山岩、石灰岩、砂岩	脉石英、花岗岩、凝灰岩，少量中基性火山岩、混合岩、砂岩、石灰岩	褐色为主，少量灰绿色砾岩；主要凝灰岩等中酸性火山岩，少量石灰岩、细砂岩、变质岩	灰绿色砾岩，主要粉细砂岩、凝灰岩，少量石灰岩、变质岩、脉石英、花岗岩
	砾径/平均砾径（d̄）（cm）	—	（0.5～3.1）/0.95	（0.71～2.45）/1.23	（0.93～14.52）/3.55	（1.13～9.86）/3.26

主要剖面与层位		八道湾组（J₁b）	西山窑组（J₂x）	头屯河组（J₂t）	喀拉扎组（J₃k）	吐谷鲁群（K₁tg）
郝家沟—头屯河剖面	砾石成分	灰白色、灰绿色砾岩，主要中酸性火山岩、凝灰岩，少量脉石英、花岗岩粉细砂岩	中酸性火山岩、凝灰岩、脉石英、粉细砂岩、花岗岩等	花岗岩、脉石英、粉细砂岩、混合岩、凝灰岩	—	粉细砂岩、凝灰岩，少量中酸性火山岩等
	砾径/平均砾径（$\bar{d}$）（cm）	（0.80～2.51）/1.39	（0.50～2.01）/1.19	（1.02～3.15）/1.62	—	（0.52～1.64）/0.93
阜康县三工河剖面	砾石成分	—	底部灰色砾岩，厚20多米，成分脉石英、硅质岩、变质岩，砾石分选较差、磨圆一般	—	—	—
	砾径/平均砾径（$\bar{d}$）（cm）	—	最大15cm/平均2.0cm	—	—	—
西北缘吐孜阿克内沟剖面	砾石成分	底部灰白色砾岩厚10余米，成分脉石英、火山岩、变质岩及砂岩	—	—	—	灰绿色砾岩，成分主要为深灰色变质岩
	砾径/平均砾径（$\bar{d}$）（cm）	平均2～10cm	—	—	—	平均1.0～1.5cm
沉积相类型		河流—辫状河三角洲	河流—三角洲	河流	冲积扇为主	扇三角洲

2. 呼图壁河剖面

该剖面位于呼图壁县城南呼图壁河上游齐古油田西南。中侏罗统西山窑组砾岩主要位于中上部厚层砂岩底部，属河道底部滞留沉积。砾岩厚35～50cm，砾石成分主要为凝灰岩、脉石英、花岗岩砾石，少量中基性火山岩、石灰岩、砂岩砾石，呈次棱角状—次圆状，砾径为0.5～3.1cm，平均砾径为0.95cm（表7-3）。中侏罗统头屯河组砾岩厚度增大，一般厚50～130cm，砾石的主要成分为脉石英、花岗岩、凝灰岩砾石，少量中基性火山岩、混合岩、砂岩、灰岩砾石，呈次棱角状、次圆状，砾径为0.71～2.45cm，平均砾径为1.23cm（表7-3）。上侏罗统喀拉扎组整体为一套巨厚的砾岩沉积，褐色及少量灰绿色砾岩的砾石成分主要为凝灰岩等中酸性火山岩砾石，少量石灰岩、细砂岩、变质岩砾石，呈棱角状、次棱角状，沉积搬运距离较近，砾径为0.93～14.52cm，平均砾径为3.55cm（表7-3）。下白垩统清水河组底部发育灰绿色砾岩，厚1.5～2.5m，砾石呈层状分布。砾石成分主要为粉细砂岩、凝灰岩砾石，少量石灰岩、变质岩、脉石英、花岗岩砾石，呈棱角状、次棱角状，属较近沉积搬运距离产物，砾径主要为 1.13～9.86cm，平均砾径为 3.26cm（图 7-6）。

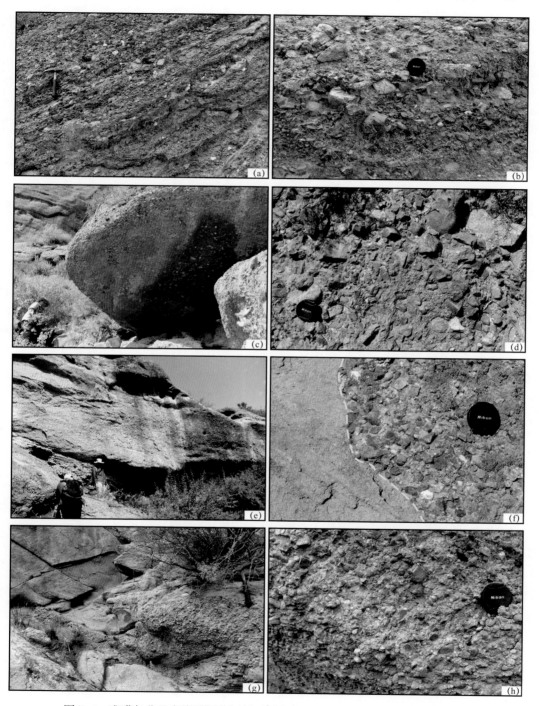

图 7-6　准噶尔盆地南缘呼图壁河剖面砾岩宏观沉积特征（据高志勇等，2021）

（a）、（b）下白垩统清水河组底部灰绿色砾岩；（c）、（d）上侏罗统喀拉扎组褐色砾岩；（e）、（f）中侏罗统头屯河河道底部滞留沉积砾岩，其中（f）内冲刷面明显；（g）、（h）中侏罗统西山窑组河道底部滞留沉积砾岩

3. 玛纳斯河红沟剖面

剖面北距石河子市约70km。中侏罗统西山窑组下部为灰黄色、灰绿色砾岩，厚度较薄，单层厚25～35cm，主要位于厚层状河道砂体底部，属滞留沉积。砾石成分主要为脉石英、花岗岩、中基性火山岩砾石，砾径为0.3～2.5cm，平均砾径为0.8cm左右（表7-3）。中侏罗统头屯河组黄绿色中、细砾岩厚度较薄，单层厚15～35cm，主要位于厚层状河道砂体底部，属滞留沉积。部分砾石位于槽状交错层理的层理面之上，厚度较薄，呈砾石层分布。砾石成分主要为脉石英、凝灰岩、中基性火山岩、花岗岩砾石，砾径为0.5～3.1cm，平均砾径为1.1cm左右，呈次棱角状、次圆状，为远源沉积搬运产物（表7-3）。上侏罗统喀拉扎组发育灰褐色、黄褐色厚层状砾岩，厚300余米（邓胜徽等，2010），砾石成分主要为凝灰岩、粉细砂岩、石灰岩砾石，少量脉石英、花岗岩砾石。砾径为0.36～15.12cm，平均砾径为2.93cm。下白垩统吐谷鲁群底部发育灰色、灰绿色厚层状砾岩，砾石成分主要为粉细砂岩、凝灰岩砾石，少量脉石英、花岗岩、中酸性火山岩砾石，砾径为0.84～7.06cm，平均砾径为2.35cm（表7-3）。

4. 安集海河剖面

剖面位于沙湾县城西南安集海河上游。下侏罗统八道湾组发育厚层砂砾岩与泥粉砂岩互层，砾岩厚0.5～1.5m，呈灰色、灰褐色，砾石呈层状排列，砾石成分主要凝灰岩、花岗岩、脉石英砾石，少量混合岩、中基性火山岩、粉细砂岩砾石，呈次棱角状、次圆状，砾径为1.10～21.74cm，平均砾径为3.46cm。中侏罗统头屯河组中下部发育厚层状砂岩、砂砾岩，砾岩厚1.2～2.2m，呈灰色、灰黄色。砾石成分主要为花岗岩、凝灰岩、脉石英砾石，少量混合岩、泥粉砂岩、石灰岩砾石，呈次棱角状、次圆状，砾径为0.84～3.84cm，平均砾径为2.09cm（表7-3）。

5. 阜康县三工河剖面

剖面位于博格达山南麓，下侏罗统三工河组砾岩呈灰色、黄绿色，多发育在厚层状砂岩底部，有呈透镜体状展布（邓胜徽等，2010）。砾石分选、磨圆较差，砾径为0.5～5.0cm，平均砾径为1.0cm，成分主要为石英岩、硅质岩、变质岩等，反映了远源沉积的产物（表7-3）。中侏罗统西山窑组底部厚层灰色块状砾岩，砾石分选较差、磨圆一般，平均砾径2cm，最大可达15cm。砾石成分以石英、硅质岩和变质岩为主，分布具定向性，底面见冲刷构造。中侏罗统头屯河组底部发育中砾岩、砂岩夹含砾粗砂岩透镜体（邓胜徽等，2003，2010）。

6. 西北缘吐孜阿克内沟剖面

西北缘侏罗系总体上较其他地区薄，总厚度仅数百米，出露零星，距克拉玛依市西约5km的吐孜阿克内沟剖面侏罗系缺失上侏罗统喀拉扎组（邓胜徽等，2003，2010）。下侏罗统八道湾组底部灰白色砾岩厚10余米，砾石分选较差，呈次圆状，成分主要为脉石英、火山岩、变质岩及砂岩砾石，平均砾径为2～10cm（表7-3）。中侏罗统头屯河组为灰绿色砾岩、灰白色含砾粗砂岩、细砂岩夹浅灰绿色泥质细、粉砂岩等（邓胜徽等，2010）。下白垩统底部为绿灰色砾岩，砾石分选、磨圆较差，砾石成分以深灰色变质岩为主，平均砾径为 1.0～1.5cm。

三、恢复的物源区迁移特征

1. 现代与古代地质条件类比

表 7-4 对比分析了准南侏罗纪—早白垩世与现今南天山前博斯腾湖周缘沉积背景条件，虽然在构造地质背景、气候条件、沉积区面积等方面存在差异，但在砂砾质沉积物、砾石成分、发育的沉积相类型以及推测的沉积坡度等方面具有一定的相似性。同时，博斯腾湖周缘的黄水沟、茶汗通古河（乌什塔拉河）、开都河等 3 条河流自山口流出后，均无支流汇入，皆为单一沉积物源供给。所选取测量的砾石主要分布在河道内（含辫状坝），即明显的牵引流为主作用下的砾石沉积物。因此，黄水沟冲积扇、马兰红山扇三角洲与开都河河流三角洲平均砾径与沉积搬运距离之间的关系均是在单一物源供给条件下建立的，符合从源到汇的地质条件。基于古今地质条件的限制，以及对此工作方法的推广，开展了准南与博斯腾湖周缘"将今论古"的对比分析研究。

表 7-4　准噶尔盆地南缘与现今南天山前博斯腾湖周缘沉积背景对比表（据高志勇等，2021）

对比条件	准南（侏罗纪—早白垩世）	博斯腾湖及周缘（现代）
构造地质背景	中生代拉张伸展环境（李忠权等，1998），晚侏罗世—早白垩世早期局部挤压（方世虎等，2005）	挤压背景下山间盆地
气候条件	早中侏罗世潮湿—晚侏罗世干旱（邓胜徽等，2003，2010）	干旱—半干旱
沉积区面积	东西长约 300km，南北宽约 100km，面积可达 $3 \times 10^4 km^2$ 左右（林潼等，2013）	东西长 170km，南北宽 80km，面积约 $1.3 \times 10^4 km^2$
沉积坡度	与现代相近的沉积相类型（王龙樟，1994；况军等，2014），推测沉积坡度相近	扇三角洲 2.5°～0.05°　冲积扇 0.58°～0.76°　河流三角洲 0.39°～0.02°
沉积物类型	砂砾质、泥质	砂砾质、泥质
砾石成分	凝灰岩、花岗岩、中酸性火山岩、脉石英、混合岩、中基性火山岩、粉细砂岩、石灰岩等	混合岩、中酸性喷出岩、花岗岩、变质石英岩、粉细砂岩、凝灰岩等

2. 恢复的准南物源区迁移特征

依据下侏罗统八道湾组—下白垩统吐谷鲁群底部砾岩的沉积相类型、主要砾径范围及砾石成分的变化，对上述剖面各组主要砾岩中砾石的沉积搬运距离进行定量计算。原则如下：（1）现代不同沉积相类型的估算式（7-1）至式（7-3），其中，S 为砾石沉积搬运距离，单位 km；D 为平均砾径，单位 cm。黄水沟冲积扇：$S=-25.52 \ln D + 71.747$

［式（7-1）］；马兰红山扇三角洲：$S=-12.55\ln D+50.426$［式（7-2）］；河流相（开都河）：$S=-27.16\ln D+110.62$［式（7-3）］；（2）沉积相类型，如表7-3所示准南下侏罗统八道湾组砾岩主要为河流、辫状河三角洲沉积，中侏罗统西山窑组砾岩为河流、三角洲沉积，头屯河组砾岩主要为河流沉积，上侏罗统喀拉扎组砾岩主要为冲积扇沉积，下白垩统清水河组底部砾岩主要为扇三角洲沉积。如表7-3所示阜康县三工河剖面中侏罗统西山窑组砾岩主要为河流—三角洲沉积；西北缘吐孜阿克内沟剖面下侏罗统八道湾组砾岩为河流沉积，下白垩统吐谷鲁群底部砾岩主要为扇三角洲沉积；（3）砾岩结构及砾石的磨圆度；（4）砾石的成分，砾石母岩的硬度与其搬运距离关系较为紧密，石英颗粒的耐磨性最强，花岗岩和长石依次减弱，石灰岩磨损最大。

由表7-5计算结果可知，下侏罗统八道湾组在准南安集海河剖面中砾石沉积搬运距离约为76.91km，头屯河—郝家沟剖面约为101.68km，而在西北缘吐孜阿克内沟剖面为48.08~91.79km。中侏罗统西山窑组在准南安集海河剖面中砾石沉积搬运距离为80.78~110.62km，玛纳斯河剖面约为116.68km，呼图壁河剖面约为112.01km，头屯河—郝家沟剖面约为105.90km，阜康县三工河剖面约为92.39km；中侏罗统头屯河组安集海河剖面中砾石沉积搬运距离为90.60km，玛纳斯河剖面约为108.03km，呼图壁河剖面约为104.99km，头屯河—郝家沟剖面约为97.52km；上侏罗统喀拉扎组在玛纳斯河剖面中砾石沉积搬运距离约为44.31km，呼图壁河剖面中约为39.41km；下白垩统清水河组底部玛纳斯河剖面中砾石的沉积搬运距离约为39.70km，呼图壁河剖面约为35.60km，头屯河—郝家沟剖面约为51.34km，西北缘吐孜阿克内沟剖面中砾石沉积搬运距离为45.34~50.43km（表7-5）。

自新近纪（23Ma）以来，准南由东向西自三屯河剖面、金钩河—安集海河剖面、四棵树凹陷剖面平衡恢复计算出构造缩短量分别为37km、19.5km和7.2km（管树巍等，2007）。也就是说，现今的头屯河—郝家沟剖面、呼图壁河剖面、玛纳斯河剖面及安集海河剖面，与侏罗纪—白垩纪沉积时相比，向北移动了37~19.5km，故现将此四剖面向南回推37~19.5km（图7-7中红色圆点位置）。因此认为，侏罗纪—白垩纪准南物源区距离为计算砾石的沉积搬运距离与新近纪以来构造缩短量之和。

由上述分析可知，下侏罗统八道湾组沉积时期，准南现今剖面位置距离物源区较近，最远距离为（76.91+19.5）~（101.68+37）km，甚至更近。西北缘吐孜阿克内沟剖面现今位置距离物源区最远距离为48.08~91.79km，甚至更近；中侏罗统西山窑组沉积时期，准南现今剖面位置距离物源区较远，最远距离为（80.78+19.5）~（105.9+37）km，甚至更近。推测可能是古环境发生变化，物源区遭长期风化剥蚀，山体逐渐变矮、变平，物源区距离亦发生变化。中侏罗统头屯河组沉积时期，准南现今剖面位置距离物源区与西山窑组沉积时期变化不大，最远距离为（90.60+19.5）~108.03~（97.52+37）km，甚至更近；上侏罗统喀拉扎组沉积时期，准南古环境发生较大变化，随着山体不断隆升，物源区向盆内迁移（高志勇等，2015，2016a），现今剖面位置距离物源区为（44.31+19.5）~（39.41+37）km，甚至更近；下白垩统清水河组沉积时期，准南现今剖面位置距离物源区为（35.60+19.5）~（51.34+37）km，甚至更近。西北缘吐孜阿克内沟剖面现今位置距离物源区为45.34~50.43km，甚至更近（图7-7）。

表 7-5　依据砾石沉积特征恢复的距物源区与距湖岸线距离数据（据高志勇等，2021）

剖面层位	安集海河剖面 距物源区距离（km）	安集海河剖面 距湖岸线距离（km）	玛纳斯河剖面 距物源区距离（km）	玛纳斯河剖面 距湖岸线距离（km）	呼图壁河剖面 距物源区距离（km）	呼图壁河剖面 距湖岸线距离（km）	头屯河—郝家沟剖面 距物源区距离（km）	头屯河—郝家沟剖面 距湖岸线距离（km）	阜康县三工河剖面 距物源区距离（km）	阜康县三工河剖面 距湖岸线距离（km）	西北缘吐孜阿克内沟剖面 距物源区距离（km）	西北缘吐孜阿克内沟剖面 距湖岸线距离（km）	沉积相类型（况军等，2014；邓胜徽等，2003，2010）/距湖岸线距离（km）
清水河组底部			39.70	10~15	35.60	约15	51.34	约10			45.34~50.43	10~15	扇三角洲/距湖岸线10~20
喀拉扎组			44.31	10~15	39.41	约15							冲积扇、扇三角洲平原/距湖岸线15~20
头屯河组	90.60	50~65	108.03	约50	104.99	约50	97.52	50~60					河流/距湖岸线50~65
西山窑组	80.78~110.62	50~65	116.68	约50	112.01	约50	105.90	约50	92.39	50			河流—三角洲/距湖岸线50~65
八道湾组	76.91	65~70					101.68	50~60			48.08~91.79	50~65	河流—辫状河三角洲/距湖岸线65

- 139 -

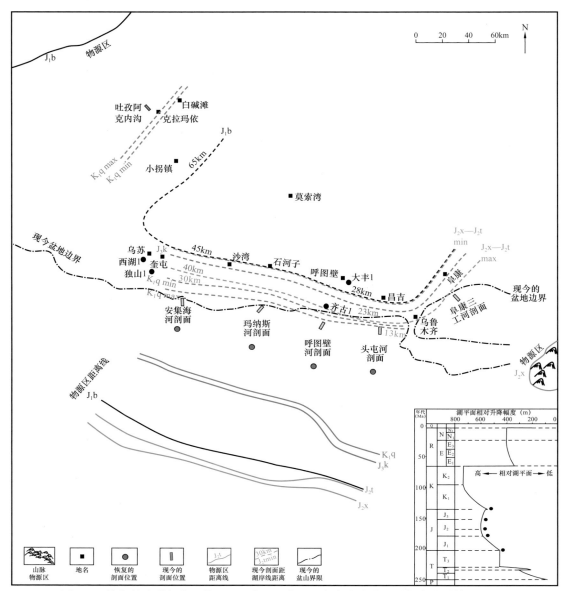

图 7-7　恢复的准噶尔盆地侏罗纪—白垩纪物源区与湖岸线位置（据高志勇等，2021）

四、恢复的湖岸线迁移特征

1. 现代湖岸线与沉积物关系

在博斯腾湖北缘沉积物特征与湖岸线距离关系研究中发现，开都河河流三角洲沉积坡度由 0.39° 降低至 0.02° 的条件下（石雨昕等，2017），开都河河道内沉积物以砾石质为主过渡至以砂质沉积为主的河段处于曲流河上游段，此处距博斯腾湖岸线约 65km，砾石主要为河道内滞留沉积，平均砾径为 1.02～3.33cm，开都河为常年流水且砂砾质供给充分的河流；Singer（2008）对美国加利福尼亚北部含沙量低的Sacramento河砂砾质沉积物特征研究后认为，从河口溯源至上游230～40km，河道内砾石和辫状坝内砾石的中值粒径变化成砂质，河道内砾石沉积物转化为砂质沉积物是逐步完成的，受控于不均匀的沉积物供给与河道底部坡降梯度差异；在马兰红山扇三角洲平原沉积中，沉积坡度由2.5°降低至0.05°的条件下，由出山口的水泥厂至博斯腾湖岸线的距离约为30km。沙井子村西处为茶汗通古河辫状河道内砾石质为主转变为砂质为主河段，此处至博斯腾湖岸线约为15km，砾石主要为河道内滞留沉积，平均砾径为3.83cm。

由上述研究可知，物源区沉积物供给充分程度、沉积坡度等因素，影响了砾质转变为砂质距湖岸线的距离，即物源供给越充分，砾质转变为砂质距湖岸线距离越近，物源供给量少，则砾质转变为砂质距湖岸线距离越远；沉积坡度越大，砾质转变为砂质距湖岸线距离越近，沉积坡度减小，则砾质转变为砂质距湖岸线距离越远。

2.计算的现今剖面位置距湖岸线距离

计算准噶尔盆地古代沉积剖面距湖岸线距离依据如下：（1）与现代沉积体沉积坡度相近条件下，河道内砾石质为主转变为砂质沉积为主河段与湖岸线距离。在现代开都河远源河流—三角洲沉积体系中，沉积物供给充分条件下，由砾质沉积转变为砂质沉积为主河段至湖岸线距离约为65km；马兰红山扇三角洲平原辫状河道内砾质沉积转变为砂质沉积为主河段至湖岸线距离约为15km；（2）砾质沉积转变为砂质沉积为主河段的砾石产状与平均砾径范围。现代开都河远源河流—三角洲沉积体系中，砾质转变为砂质沉积为主河段的砾石主要为河道内滞留砾石，平均砾径为1.02～3.33cm。马兰红山扇三角洲平原辫状河道内砾质沉积转变为砂质沉积为主河段，砾石主要为河道内滞留沉积，平均砾径为3.83cm；（3）河流出山口距湖岸线距离。现代开都河由大山口出山口至湖岸线距离约为126km，马兰红山扇三角洲的茶汗通古河出山口至湖岸线距离约为30km；（4）古代露头中砾岩所属沉积相、砾石产状及平均砾径等。

依据上述原则，下侏罗统八道湾组、中侏罗统西山窑组—头屯河组砾岩发育层段在准南地区、西北缘地区以河流三角洲沉积为主，且沉积物供给较充分，以厚层状砂砾岩与泥岩互层为主。由于各剖面中的砾岩主要为河道滞留沉积（图7-6），砾岩厚度较薄，故以平均砾径来计算的八道湾组沉积时期剖面位置距沉积湖岸线为65～70km（表7-5）；西山窑组与头屯河组沉积时期剖面位置距沉积湖岸线为50～65km。上侏罗统喀拉扎组以冲积扇沉积为主，下白垩统清水河组底部砾岩发育层段以扇三角洲沉积为主。若以平均砾径来计算，上侏罗统喀拉扎组冲积扇平均砾径大于八道湾组，向下游变换为以砂质沉积为主搬运距离至少要60km。下白垩统清水河组剖面位置距湖岸线为10～15km，但此为以砂质沉积为主，且砾石为河道滞留沉积，砾岩厚度较薄。若兼顾露头区较大厚度砾岩，如厚达1～3m，甚至更厚砾岩，则剖面位置距湖岸线可能要达到20km以上。故认为上侏罗统喀拉扎组剖面位置距湖岸线约至少60km，下白垩统清水河组剖面位置距湖岸线为10～20km。

在此基础上，同样考虑自新近纪（23Ma）以来，准噶尔盆地南缘由东向西自三屯河剖面、金钩河—安集海河剖面、四棵树凹陷剖面平衡恢复计算出构造缩短量分别为37km、

19.5km 和 7.2km（管树巍等，2007），即与侏罗系—白垩系沉积时相比，现今的头屯河—郝家沟剖面、呼图壁河剖面、玛纳斯河剖面及安集海河剖面，向北移动了 37～19.5km，故现将此四剖面向南回推 37～19.5km（图 7-7 中红色圆点位置）。进而计算的侏罗纪—白垩纪准噶尔盆地南缘湖岸线位置自东向西也同样向南回推 37～19.5km（图 7-7 中彩色虚线位置）。

由图 7-7 可知，恢复的下侏罗统八道湾组、中侏罗统西山窑组与头屯河组、上侏罗统喀拉扎组的砾岩最发育层段，即砂砾岩储集体向盆地内延伸范围最大时期的湖岸线，明显的与现今盆地边缘线有一向西北方向敞开的夹角，表明在准南呼图壁河及其以西地区，以河流冲积平原、三角洲平原沉积为主，分流河道与河道间泥质较发育，砂砾岩储层的非均质性较强。在呼图壁河及其以东地区，以三角洲前缘沉积为主，水下分流河道及沙坝发育，砂岩储层分选及物性相对好。该认识对在编制岩相古地理图过程中，动辄以现今盆地边缘线即为湖岸线的观念提出了不同见解，为今后岩相古地理图或者沉积相的编制提供了有益借鉴。

3. 湖平面变化原因分析

由图 7-7 右下角准噶尔盆地中新生代湖平面变化曲线（王龙樟，1994，1995）可知，侏罗系八道湾组—齐古组沉积时期，湖平面先大规模上升，后逐渐下降，早白垩世早期湖平面下降后，又持续上升，直至湖平面上升至中生代范围最大。此湖平面变化趋势与图 7-7 所示的湖岸线逐渐向陆地扩张具有相同的变化特征。

纵观准噶尔盆地中新生代的湖平面升降史、气候和构造背景控制了湖水位的升降变化：（1）气候因素造成的湖水位升降。气候因素造成的湖水位升降曲线的形态与气候变化曲线的形态相似，中生代为持续的湖水位上升，新生代为全面的湖水位下降（王龙樟，1994，1995）。卢远征等（2009）通过孢粉分析和沉积岩有机碳同位素分析，认为准南的气候在侏罗纪之初炎热潮湿，比晚三叠世更加炎热而潮湿，并可与国际对比。房亚男等（2016）认为早—中侏罗世准噶尔盆地气候温暖潮湿，植被繁盛。中侏罗统西山窑组沉积时期，气候条件相较于早侏罗世可能变得相对干旱，从而导致降水量下降，湖盆水体减少，湖泊萎缩。至中侏罗统头屯河组沉积期结束，气候开始变得干旱（谭程鹏等，2014），干旱程度在齐古组末期、喀拉扎组沉积前达到顶峰（房亚男等，2016），齐古组和喀拉扎组发育红层沉积。晚侏罗世晚期至早白垩世早期古气候转变为温暖潮湿气候，沉积了下白垩统清水河组原生灰色建造，早白垩世晚期古气候由温暖潮湿向干旱炎热转变（唐湘飞等，2018）；（2）由构造因素造成的湖水位升降。早—中侏罗世天山持续剥蚀去顶，准南物源区持续后退，至西山窑组沉积期，准噶尔盆地南部边界至少到达中天山地区（房亚男等，2016），湖平面开始大规模上升。车莫古隆起及博格达山在晚侏罗世已规模存在，此时准噶尔盆地基底已开始整体抬升，天山处于准平原化状态，湖平面下降明显。早白垩世准南以宽浅湖盆沉积为主，湖盆沉积范围较晚侏罗世时期扩大，现今的前陆冲断带和莫索湾凸起开始接受早白垩世沉积。侏罗纪—早白垩世的气候变化和盆地内部隆起共同控制了准噶尔盆地可容纳空间的变化（房亚男等，2016）。

第三节　准噶尔盆地南缘侏罗纪—早白垩世岩相古地理恢复与意义

在"将今论古"通过平均砾径与沉积搬运距离关系等研究恢复物源区范围和湖岸线演化位置基础上，结合钻井岩心和野外露头的沉积岩石学和沉积构造等特征，恢复准南早侏罗世—早白垩世岩相古地理特征，刻画有利储集体展布，为准南深层下组合油气勘探提供地质依据。

一、钻井与野外露头沉积相特征

1. 冲积扇相

通过大量野外露头地质考察和岩心观察，认为准南侏罗系八道湾组、头屯河组、齐古组、喀拉扎组及下白垩统清水河组均有冲积扇相发育。冲积扇沉积紧邻盆地边缘造山带分布，可分为干旱气候下发育的旱地扇和湿润气候下发育的湿地扇。旱地扇形成于中晚侏罗世干旱—半干旱气候条件，由阵发性洪水携带碎屑快速堆积于山麓陡坡或断裂带形成的扇形沉积体。由于气候干旱，山地陡峭，物理风化作用强烈，大量近源碎屑伴随阵发性洪水流，形成泥石流等高密度流，在重力作用下向下倾方向快速堆积。旱地扇具明显季节性和突发性，其岩性主要以快速堆积的杂色厚层砾石、砂砾石为主，粒度偏粗、分选磨圆差。较少显现层理，常在底部见冲刷充填构造。沉积物颜色一般较鲜艳，多带红色，一般不含动植物化石。玛纳斯河洪沟剖面喀拉扎组属旱地扇沉积，岩性为红褐色块状砾岩、砂质砾岩，分选和磨圆均较差，具有大型的冲刷—充填构造，见不明显的递变层理，质地坚硬，与下伏地层因差异风化作用形成了陡崖峭壁（图7-8h）。冲积扇的扇根可分为泥石流和辫状河道微相，泥石流和辫状河道为粒度粗且分选极差的砾石，分布于杂乱的砂泥岩沉积中；扇中分为辫状河道、漫流沉积微相，扇中为冲积扇的主体，辫状河道底部具有冲刷面，垂向上多套砂砾石相互叠置，可发育大型的交错层理、块状层理、递变层理等；扇缘主要发育冲积平原微相，岩性为粒度较细的砂岩、粉砂岩和泥岩等。

2. 河流相

河流相在准南侏罗系—白垩系普遍发育，分布广泛，根据其沉积特征和空间展布，可划分为辫状河亚相和曲流河亚相。辫状河亚相在侏罗系八道湾组、西山窑组、头屯河组、齐古组、喀拉扎组和下白垩统均有发育，包括河道和河漫两种微相。河道亚相以辫状坝（心滩）微相为主，辫状坝多沉积砾石、砂砾石、粗砂岩等粗粒沉积物，野外可见大型槽状、板状交错层理。河漫亚相以冲积平原为主，发育少量河漫滩，冲积平原以红色、紫红色泥质沉积为主，河漫滩为砂岩与薄层泥岩互层。在准南中段头屯河—郝家沟剖面八道湾组（图7-8a、b）及南缘西段高102井岩心中（图7-9b）均可见辫状河沉积，点坝沉积物为中—粗砂岩，发育大型槽状交错层理、平行层理，具明显的正韵律；常见河道冲刷侵蚀底部泛滥平原沉积，形成明显的冲刷面；冲积平原沉积以红褐色泥岩为主，位于河道顶

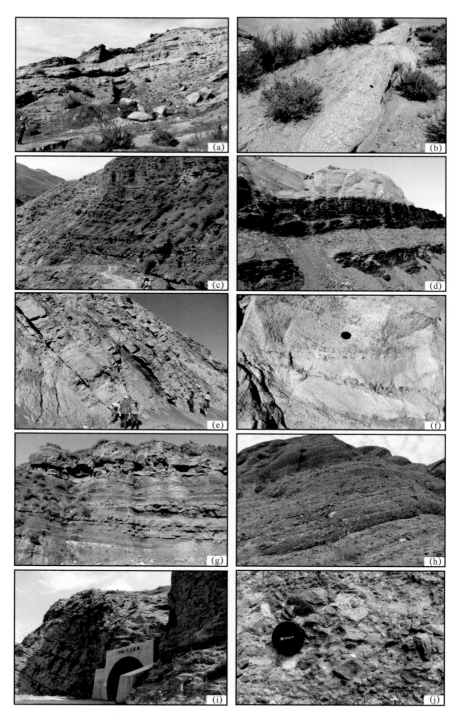

图 7-8 准南侏罗系—下白垩统野外露头宏观沉积特征

（a）头屯河剖面，八道湾组辫状河/辫状河三角洲平原沉积；（b）头屯河剖面，八道湾组辫状河道砾岩—砂岩正韵律沉积；（c）呼图壁河剖面，三工河组湖泊—三角洲沉积；（d）头屯河剖面，西山窑组沼泽相煤层沉积；（e）玛纳斯河剖面，头屯河组河流相砂体及正韵律特征沉积；（f）玛纳斯河剖面，头屯河组河流相砂体槽状交错层理沉积；（g）呼图壁河剖面，齐古组干旱气候下河流相二元结构沉积特征；（h）玛纳斯河剖面，喀拉扎组冲积扇砾岩沉积；（i）呼图壁河剖面，下白垩统清水河组扇三角洲砾岩沉积；（j）呼图壁河剖面，清水河组扇三角洲砾岩呈杂色砾石呈棱角状反映近源沉积

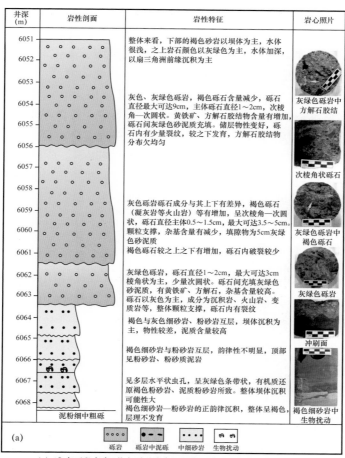

（a）淮南西段高泉5井白垩系清水河组扇三角洲相沉积岩心微观特征

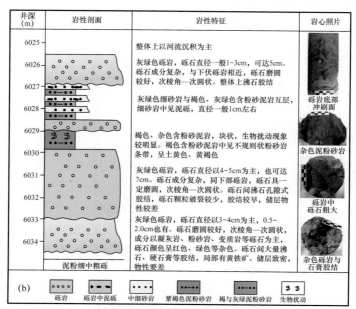

（b）淮南西段高102井头屯河组河流相沉积岩心微观特征

图 7-9　淮南西段高泉 5 井与高 102 井岩心沉积特征

部，常被晚期河道侵蚀。电测曲线上，辫状河心滩多呈箱形或钟形曲线，冲积平原曲线较为平直，河漫滩则呈指状。

曲流河亚相在侏罗系八道湾组、三工河组、西山窑组、头屯河组和齐古组均有发育，与辫状河相比，曲流河泛滥平原微相最为发育，具有明显的河流"二元结构"，由下至上为由粗至细的正旋回（图7-8e、g）。旋回下部为河道亚相，可分为河床滞留沉积和边滩微相。底部河床滞留沉积最粗，以粗砂岩、含砾砂岩为主，常含泥砾，边滩岩性以砂岩为主。河道砂岩一般呈透镜状，向两侧厚度明显减薄，层理发育类型多样，可见板状、槽状（图7-8f）、波状、楔状等交错层理，平行层理，波纹层理等。旋回上部为堤岸和河漫亚相，可分为天然堤、决口扇和泛滥平原等微相。天然堤和决口扇微相发育较少，以泛滥平原为主，泛滥平原的红褐色、紫红色泥岩构成了曲流河沉积的主体，并将河道砂岩包裹其中。

3.（扇/辫状）三角洲相

辫状河三角洲沉积是中上侏罗统—白垩系最重要的一种沉积相类型，几乎在全区均有发育。辫状河三角洲平原可区分出辫状河道和辫状河道间两个微相，辫状河道沉积物为砾石、砂砾石、含砾砂岩和砂岩（图7-8a、b），辫状河道间岩性较细，沉积物泥质含量较高。辫状河三角洲前缘由水下分流河道、分流河道间、河口坝、远沙坝、席状砂等微相组成，水下分流河道岩性以含砾砂岩、砂岩为主，岩性与平原辫状河道相比较细，分流河道间以泥质沉积为主，泥岩颜色为灰绿色、灰色等还原色，河口坝由中—细砂岩组成，分选较好，具反韵律。

扇三角洲主要发育于下白垩统清水河组底部（图7-8i、j），在准南中段的呼图壁河剖面清水河组底部发育扇三角洲前缘沉积，主要岩性为灰色、灰绿色砾岩、砂砾岩与灰黑色、灰色、灰绿色泥岩互层沉积。在准南西段高泉5井岩心中（图7-9a）可见扇三角洲平原—前缘的辫状分流河道沉积，岩性以砂砾岩、细砂岩为主。

二、岩相古地理展布特征

在上述宏观物源区分布范围、湖岸线演化迁移以及野外露头与重点井岩心沉积相类型研究基础上，结合前人准南沉积相及重矿物等研究成果（方世虎等，2006；周天琪等，2019；关旭同等，2020；司学强等，2020）（表7-6），编制了下侏罗统八道湾组（图7-10）、中侏罗统头屯河组（图7-11）、上侏罗统喀拉扎组（图7-12）以及下白垩统清水河组沉积期岩相古地理图（图7-13），其具有如下演化特征：（1）恢复的准噶尔盆地南部古天山物源具有准南西段一直发育近源特征（图7-10—图7-13），准南中东段物源区具有由远源到近源的演化特征；（2）准南西段与中段物源区的分界线推测为红车断裂。原因在于，红车断裂带呈近南北向走向，长约80km，宽约20km，是三叠纪—侏罗纪形成的断裂带，受海西—燕山早中期运动影响，西部山体向东推覆，形成多条南北向逆断裂（仲伟军等，2018）。红车断裂是南缘西—中段最大的横向断裂构造带，将准噶尔—北天山盆山过渡带分割为西段和中段，各段之间在基底性质、变形特征上都有显著不同（漆家福等，2008）；（3）准南西北部的车排子凸起隆升时间为晚侏罗世（朱明等，2020），开始为盆地内提供物源。何登发等（2008）也认为侏罗纪末期是车—莫古隆起发育的鼎盛时期，

表 7-6　准噶尔盆地南缘侏罗系—白垩系沉积相类型统计表

系	组	西段		中段			东段	
		四棵树剖面	奎屯河/安集海河剖面	玛纳斯河剖面	呼图壁河剖面	头屯河剖面	后峡剖面	东段
白垩系	吐谷鲁群	清水河组辫状河三角洲前缘分流河道—沙坝沉积（林潼等，2013）	整个南缘清水河组三角洲前缘扇三角洲—扇三角洲（杜金虎等，2019）	清水河组底部扇三角洲沉积，上部深水浊积岩（林潼等，2013）	—	—	—	—
		全区沿天山分布240km，扇三角洲沉积为主（唐湘飞等，2018）						
侏罗系	喀拉扎组	—	—	冲积扇，季节性辫状河（高志勇等，2015b）；扇三角洲平原（况军等，2014）	扇三角洲平原（况军等，2014）	季节性辫状河（高志勇等，2015b）	—	水磨沟剖面碎屑流与辫状河混合型冲积扇（单新等，2014）；扇三角洲平原（况军等，2014）
		整个南缘喀拉扎组冲积扇和辫状河三角洲群（杜金虎等，2019）						
	齐古组	—	—	季节性曲流河（高志勇等，2015b）；曲流河（况军等，2014）	建功煤矿干旱气候下曲流河（关旭同等，2019）；曲流河（况军等，2014）	季节性曲流河（高志勇等，2015b）	—	—
	头屯河组	—	—	辫状河—曲流河（况军等，2014）	—	辫状河—曲流河（谭程鹏等，2014）；曲流河（杨潮等1988，赵晓林等2017）	—	—
		整个南缘头屯河组辫状河三角洲前缘沉积（杜金虎等，2019）						
	西山窑组	波浪影响型河控辫状河三角洲前缘（陈彬滔等，2012；况军等，2014）	—	曲流河三角洲平原（房亚男等，2016）	—	波浪影响型河控辫状河三角洲前缘（陈彬滔等，2012）；曲流河三角洲平原（房亚男等，2016）	—	白杨沟剖面曲流河三角洲平原（房亚男等，2016）；吉木萨尔水西沟剖面辫状河三角洲前缘（况军等，2014）
		全区西山窑组三角洲平原—前缘—湖泊沉积（姜科庆等，2010）						

系	组	西段		中段				东段
		四棵树剖面	奎屯河/安集海河剖面	玛纳斯河剖面	呼图壁河剖面	头屯河剖面	后峡剖面	
侏罗系	三工河组	—	河流影响型浪控辫状河三角洲前缘沉积（陈彬滔等，2012）	—	—	河流影响型浪控辫状河三角洲前缘（陈彬滔等，2012；曲流河（况军等，2014；三角洲—湖泊沉积（房亚男等，2016）	—	白杨沟剖面曲流河三角洲—湖泊沉积，较头屯河剖面远离湖盆中心（房亚男等，2016）；三工河剖面辫状河三角洲前缘—三角洲平原—前缘（况军等，2014）
	八道湾组	阿尔钦沟辫状河河道沉积（赵康等，2017）；四棵树河剖面扇三角洲沉积（况军等，2014）	—	石场剖面陡坡型扇三角洲（瞿建华等，2014；扇三角洲沉积（况军等，2014）；玛纳斯河剖面辫状河沉积（房亚男等，2016）	—	与吐哈桃树园剖面相似，浅水辫状河三角洲前缘（房亚男等，2016）	湿地扇辫状河道等（房亚男等，2016）	吐哈桃树园剖面浅水辫状河三角洲前缘（房亚男等，2016）；辫状河三角洲沉积等（彭雪峰等，2010）；白杨沟剖面与头屯河和桃树园剖面一致，更靠近湖盆沉积区（房亚男等，2016）

东、中、西段全区为三角洲平原—前缘—沼泽—滨浅湖—半深湖沉积（彭雪峰等，2010）

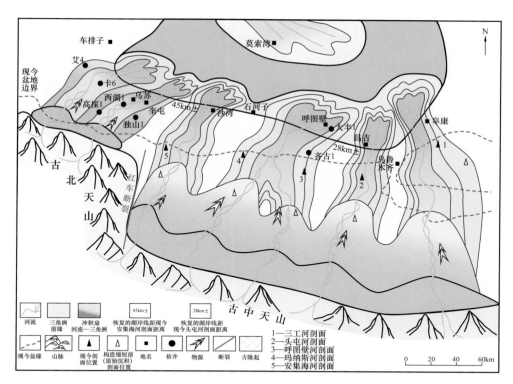

图 7-10　准噶尔盆地南缘下侏罗统八道湾组沉积古地理图

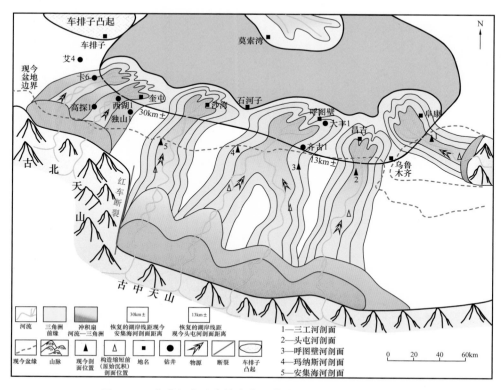

图 7-11　准噶尔盆地南缘中侏罗统头屯河组沉积古地理图

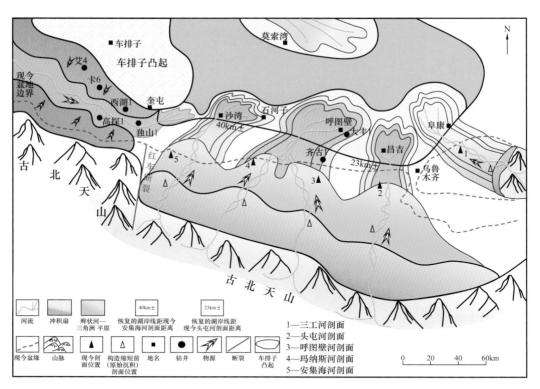

图 7-12　准噶尔盆地南缘上侏罗统喀拉扎组沉积古地理图

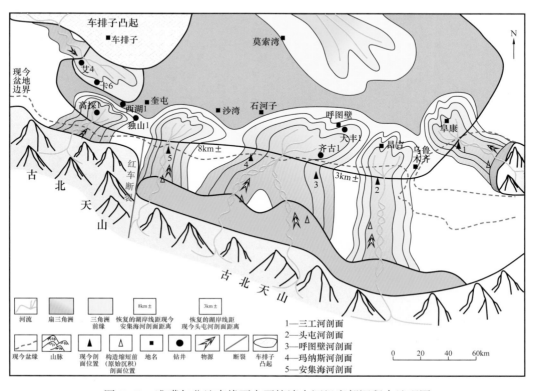

图 7-13　准噶尔盆地南缘下白垩统清水河组底部沉积古地理图

燕山中期为古隆起发育并定型阶段，沉积了西山窑组和头屯河组，燕山晚期古隆起整体下沉，接受了白垩系—古近系沉积。

1. 侏罗系八道湾组

恢复的准南八道湾组沉积期岩相古地理具有如下特征（图 7-10）：（1）准南西段以近源扇三角洲平原—前缘沉积为主，艾 4 井—独山 1 井一线同样发育两个扇三角洲沉积体系；准南中东段为远源的辫状河—辫状河三角洲沉积，发育 4～5 个水系。（2）现今的头屯河—郝家沟剖面距恢复的湖岸线约 28km，沉积时该剖面应南距湖岸线 50～60km；现今的安集海河剖面距恢复的湖岸线约 45km，沉积时该剖面应南距湖岸线 65～70km。八道湾组整体上以发育辫状河、辫状河三角洲、滨浅湖沉积为特征，气候潮湿，形成含煤的粗碎屑沉积，中晚期湖水变深，凹陷中央发育半深湖—深湖相。

2. 侏罗系三工河组—西山窑组

三工河组沉积时期，准噶尔盆地经历了两次大规模的湖侵，是盆地湖侵范围最大的时期，以湖泊和三角洲沉积为主，准南以发育辫状河三角洲沉积为特征。随着快速湖侵，湖平面迅速上升，煤层不发育，盆地大部分地区被湖泊覆盖，物源供给较少，局部地区发育泛滥平原（图 7-8c）。

西山窑组沉积时期，湖平面下降、车排子—莫索湾低凸起隆升构成相对高地，此时气候温湿，是植物最为繁茂的时期，形成大面积的泛滥沼泽、滨湖沼泽、河流沼泽环境，成为煤层发育的极盛时期（图 7-8d）。

3. 侏罗系头屯河组

恢复的准南头屯河组沉积期岩相古地理具有如下特征（图 7-11）：（1）西段仍以近源的扇三角洲平原—前缘沉积为主，艾 4 井—独山 1 井一线至少发育两个扇三角洲沉积体系；准南中东段为远源的辫状河—河流三角洲沉积，发育 4～5 个水系；（2）整体物源区范围较八道湾组沉积时期向天山内（向南）后退；（3）现今的头屯河—郝家沟剖面距恢复的湖岸线约 13km，沉积时该剖面应南距湖岸线约 50km；现今的安集海河剖面距恢复的湖岸线约 30km，沉积时该剖面应南距湖岸线 50～65km。整体上该时期沉积物颜色呈灰绿色、灰色与紫红、褐红色的交替，反映了温湿与干热气候交替的沉积背景。头屯河组自下而上红色条带增多，显示沉积环境逐渐变得干旱。

4. 侏罗系齐古组

齐古组以河流—滨浅湖沉积为主（况军等，2014；高志勇等，2015b；关旭同等，2019），准南中段现今残留地层主要为曲流河沉积，在头屯河剖面和玛纳斯—洪沟剖面发育的砂体均较薄，泥岩较发育，构成了曲流河沉积的"二元结构"（图 7-8）。沉积物颜色多为紫红色、暗红色、红色，反映干热的气候环境。

5. 侏罗系喀拉扎组

恢复的准南喀拉扎组沉积期岩相古地理具有如下特征（图 7-12）：（1）该时期构造活

动较为活跃，车排子—莫索湾凸起持续活动，为准南西段提供物源。西段四棵树凹陷地区推测以冲积扇—河流等陆上沉积为主；（2）准南中东段物源区大幅度向北部迁移，盆地内以较近源的冲积扇—扇三角洲和辫状河三角洲沉积为主，发育4~5个水系；（3）现今的头屯河—郝家沟剖面距恢复的湖岸线约23km，现今的安集海河剖面距恢复的湖岸线约40km（图7-12）。整体上准南表现为快速剥蚀和快速沉积的特征，以紫红色、暗红色、红色沉积为主，反映干热的气候环境。

6. 白垩系清水河组

恢复的准南清水河组沉积期岩相古地理具有如下特征（图7-13）：（1）该时期车排子—莫索湾古隆起下沉接受沉积，西段四棵树凹陷地区发育南北双向物源，以南部扇三角洲和北部的河流三角洲沉积为主；（2）准南中东段物源区范围与喀拉扎组沉积时期相近，或稍有北移，盆地内以较近源的冲积扇—扇三角洲和辫状河三角洲沉积为主，发育4~5个水系；（3）现今的头屯河—郝家沟剖面距恢复的湖岸线约3km，现今的安集海河剖面距恢复的湖岸线约8km。整体上随着沉降加大和气候由炎热干燥向潮湿转变，湖盆不断扩大，湖水向北、向东推进，至早白垩世晚期，盆地大部分地区被浅水湖泊所占据（林潼等，2013；杜金虎等，2019）。

三、有利储集体分布与勘探意义

如图7-10—图7-13所示，恢复出的侏罗纪—早白垩世砂砾岩储集体向盆地内延伸范围最大时期的湖岸线，明显与现今盆地边缘线有一向西北方向敞开的夹角，对以盆缘线为湖岸线进行沉积相编图的观点提出不同见解。由此识别出的砂体类型对储层质量有较大影响，如头屯河组在后期地层剥蚀影响下，在准南呼图壁河及其以西地区，以河流冲积平原、三角洲平原沉积为主，分流河道与河道间泥质较发育，砂砾岩储集层的非均质性较强；在呼图壁河及其以东地区，以三角洲前缘沉积为主，水下分流河道及沙坝发育，砂岩储集层分选及物性相对好。

由此表明，恢复古湖岸线与现今盆地边缘线呈一向西北敞开的夹角，其与现今地层剥蚀线、盆地边缘线限定了有利储集体的分布范围，中上侏罗统在准南呼图壁河及其以西地区，以河流冲积平原、（扇）三角洲平原沉积为主，分流河道与河道间泥质较发育，砂砾岩储集层的非均质性较强。在呼图壁河及其以东地区，以三角洲前缘沉积为主，水下分流河道及沙坝发育，砂岩储集层分选及物性相对好。下白垩统清水河组在准南广泛分布，以天山南部物源的扇三角洲前缘砂体为有利储层，主要分布在四棵树凹陷和玛纳斯—呼图壁背斜带；以北部车排子为物源的，则以三角洲前缘储集体为主，储层质量较好。

参 考 文 献

鲍锋，董治宝，2014.察尔汗盐湖沙漠沙丘沉积物粒度特征分析［J］.水土保持通报，34（6）：355-359.

曹小璐，钟厚财，刘啸虎，等，2017.准噶尔盆地玛湖地区三叠系百口泉组优质储层预测［J］.石油地球物理勘探，52（S1）：123-127.

陈彬滔，杨丽莎，于兴河，等，2012.准噶尔盆地南缘三工河组和西山窑组辫状河三角洲水动力条件与砂体分布规模定量分析［J］.中国地质，39（5）：1290-1298.

陈留勤, 郭福生, 梁伟, 等, 2013. 江西抚崇盆地上白垩统河口组砾石统计特征及其地质意义 [J]. 现代地质, 27 (3): 568-576.

程成, 任鑫鑫, 王微, 等, 2012. 野外露头砾石圆度测量方法的探究——以巢湖二叠系栖霞组为例 [J]. 沉积学报, 30 (3): 522-529.

单祥, 邹志文, 孟祥超, 等, 2016. 准噶尔盆地环玛湖地区三叠系百口泉组物源分析 [J]. 沉积学报, 34 (5): 930-939.

单新, 于兴河, 李胜利, 等, 2014. 准南水磨沟侏罗系喀拉扎组冲积扇沉积模式 [J]. 中国矿业大学学报, 43 (2): 262-270.

德勒恰提, 王威, 王利, 等, 2012. 粒度分析在吉木萨尔凹陷梧桐沟组沉积相研究中的应用 [J]. 新疆大学学报 (自然科学版), 29 (2): 142-149, 253.

邓胜徽, 卢远征, 樊茹, 等, 2010. 新疆北部的侏罗系 [M]. 合肥: 中国科学技术大学出版社.

邓胜徽, 姚益民, 叶得泉, 等, 2003. 中国北方侏罗系 (Ⅰ) 地层总述 [M]. 北京: 石油工业出版社.

杜金虎, 支东明, 李建忠, 等, 2019. 准噶尔盆地南缘高探 1 井重大发现及下组合勘探前景展望 [J]. 石油勘探与开发, 46 (2): 205-215.

方世虎, 郭召杰, 贾承造, 等, 2006. 准噶尔盆地南缘中—新生界沉积物重矿物分析与盆山格局演化 [J]. 地质科学, 41 (4): 648-662.

方世虎, 贾承造, 宋岩, 等, 2005. 准南前陆盆地燕山期构造活动及其成藏意义 [J]. 地学前缘, 12 (3): 67-76.

房亚男, 吴朝东, 王熠哲, 等, 2016. 准噶尔盆地南缘中—下侏罗统浅水三角洲类型及其构造和气候指示意义 [J]. 中国科学: 技术科学, 46 (7): 737-756.

傅开道, 方小敏, 高军平, 等, 2006. 青藏高原北部砾石粒径变化对气候和构造演化的响应 [J]. 中国科学 D 辑: 地球科学, 36 (8): 733-742.

高志勇, 周川闽, 冯佳睿, 等, 2016. 中新生代天山隆升及其南北盆地分异与沉积环境演化 [J]. 沉积学报, 34 (3): 415-435.

高志勇, 石雨昕, 冯佳睿, 等, 2019b. 水系与构造复合作用下的冲积扇沉积演化——以南天山山前黄水沟冲积扇为例 [J]. 新疆石油地质, 40 (6): 638-648.

高志勇, 石雨昕, 冯佳睿, 等, 2021. 砾石在分析盆地物源区迁移与湖岸线演化中的作用 [J]. 古地理学报, 23 (3): 507-524.

高志勇, 石雨昕, 周川闽, 等, 2019a. 砾石分析在扇三角洲与湖岸线演化关系中的应用——以准噶尔盆地玛湖凹陷周缘百口泉组为例 [J]. 沉积学报, 37 (3): 550-564.

高志勇, 周川闽, 冯佳睿, 等, 2015b. 盆地内大面积砂体分布的一种成因机理——干旱气候条件下季节性河流沉积 [J]. 沉积学报, 33 (3): 427-438.

高志勇, 朱如凯, 冯佳睿, 等, 2015a. 库车坳陷侏罗系—新近系砾岩特征变化及其对天山隆升的响应 [J]. 石油与天然气地质, 36 (4): 534-544.

关旭同, 吴朝东, 吴鉴, 等, 2020. 准噶尔盆地南缘上侏罗统—下白垩统沉积序列及沉积环境演化 [J]. 新疆石油地质, 41 (1): 67-79.

管树巍, 陈竹新, 方世虎, 2012. 准噶尔盆地南缘油气勘探的 3 个潜在领域——来自构造模型的论证 [J]. 石油勘探与开发, 39 (1): 37-44.

管树巍, 李本亮, 何登发, 等, 2007. 晚新生代以来天山南、北麓冲断作用的定量分析 [J]. 地质学报, 81 (6): 725-744.

何登发, 陈新发, 况军, 等, 2008. 准噶尔盆地车排子—莫索湾古隆起的形成演化与成因机制 [J]. 地学前缘, 15 (4): 42-55.

何登发，吴松涛，赵龙，等，2018.环玛湖凹陷二叠—三叠系沉积构造背景及其演化［J］.新疆石油地质，39（1）：35-47.

何开华，1988.拜城县卡普沙良下白垩统亚格列木组下段冲积扇的沉积特征［J］.新疆地质，6（1）：31-47.

何文军，郑孟林，费李莹，等，2017.玛湖地区三叠系百口泉组沉积前古地貌恢复研究［J］.地质论评，63（S）：59-60.

黄林军，唐勇，陈永波，等，2015.准噶尔盆地玛湖凹陷斜坡区三叠系百口泉组地震层序格架控制下的扇三角洲亚相边界刻画［J］.天然气地球科学，26（S1）：25-32.

黄远光，张昌民，丁雲，等，2018b.准噶尔盆地玛湖凹陷百口泉组典型微相砾石定向性定量研究［J］.沉积学报，36（3）：596-607.

黄远光，朱锐，张昌民，等，2018a.粗粒碎屑岩砾石定向性定量表征方法及应用［J］.沉积学报，36（1）：12-19.

黄云飞，张昌民，朱锐，等，2017.准噶尔盆地玛湖凹陷下三叠统百口泉组古盐度恢复［J］.新疆石油地质，38（3）：269-275.

黄云飞，张昌民，朱锐，等，2017.准噶尔盆地玛湖凹陷晚二叠世至中三叠世古气候、物源及构造背景［J］.地球科学，42（10）：1736-1749.

纪友亮，冯建辉，王声朗，等，2005.东濮凹陷古近系沙河街组沙三段沉积期湖岸线的变化及岩相古地理特征［J］.古地理学报，7（2）：145-156.

姜科庆，田继军，汪立今，等，2010.准噶尔盆地南缘西山窑组沉积特征及聚煤规律分析［J］.现代地质，24（6）：1204-1212.

姜在兴，刘晖，2010.古湖岸线的识别及其对砂体和油气的控制［J］.古地理学报，12（5）：589-598.

蒋明丽，2009.粒度分析及其地质应用［J］.石油天然气学报，31（1）：161-163.

匡立春，唐勇，雷德文，等，2014.准噶尔盆地玛湖凹陷斜坡区三叠系百口泉组扇控大面积岩性油藏勘探实践［J］.中国石油勘探，19（6）：14-23.

况军，邵雨，于兴河，等，2014.准噶尔盆地南缘侏罗系地质剖面图集［M］.北京：石油工业出版社.

雷振宇，鲁兵，蔚远江，等，2005.准噶尔盆地西北缘构造演化与扇体形成和分布［J］.石油与天然气地质，26（1）：86-91.

李本亮，陈竹新，雷永良，等，2011.天山南缘与北缘前陆冲断带构造地质特征对比及油气勘探建议［J］.石油学报，32（3）：395-403.

李应运，方邺森，1963.南京雨花台砾石层的岩组－岩相分析［J］.南京大学学报，地质学，3（1）：123-134.

李忠，王道轩，林伟，等，2004.库车坳陷中—新生界碎屑组分对物源类型及其构造属性的指示［J］.岩石学报，20（3）：655-666.

李忠权，陈更生，张寿庭，1998.新疆准噶尔盆地南缘拉张伸展动力学环境的探讨［J］.高校地质学报，4（1）：73-78.

林潼，王东良，王岚，等，2013.准噶尔盆地南缘侏罗系齐古组物源特征及其对储层发育的影响［J］.中国地质，40（3）：909-918.

刘宝珺，曾允孚，1984.岩相古地理基础和工作方法［M］.北京：地质出版社.

刘启亮，刘良刚，何珍，等，2011.鄂尔多斯盆地冯地坑—洪德长8油层组湖岸线确定［J］.海洋地质前沿，27（4）：38-44.

卢远征，邓胜徽，2009.准噶尔盆地南缘三叠纪—侏罗纪之交的古气候［J］.古地理学报，11（6）：652-660.

彭雪峰，田继军，汪立今，等，2010. 新疆准噶尔盆地南缘八道湾组沉积特征与聚煤规律分析［J］. 中国地质，37（6）：1672-1681.

漆家福，陈书平，杨桥，等，2008. 准噶尔—北天山盆山过渡带构造基本特征［J］. 石油与天然气地质，29（2）：252-260.

裘善文，万恩璞，江佩芳，1988. 兴凯湖湖岸线的变迁及松阿察河古河源的发现［J］. 科学通报，12：937-940.

瞿建华，杨荣荣，谭程鹏，等，2014. 准噶尔盆地南缘石场剖面八道湾组沉积旋回特征［J］. 新疆石油地质，35（5）：536-541.

任本兵，瞿建华，王泽胜，等，2016. 玛湖凹陷三叠纪古地貌对沉积的分级控制作用［J］. 西南石油大学学报（自然科学版），38（5）：81-89.

石雨昕，高志勇，周川闽，等，2017. 新疆焉耆盆地开都河不同河型段砂砾质沉积特征与差异分析［J］. 古地理学报，19（6）：1037-1048.

司学强，袁波，郭华军，等，2020. 准噶尔盆地南缘清水河组储集层特征及其主控因素［J］. 新疆石油地质，41（1）：38-45.

谭程鹏，于兴河，李胜利，等，2014. 辫状河—曲流河转换模式探讨——以准噶尔盆地南缘头屯河组露头为例［J］. 沉积学报，32（3）：450-458.

唐湘飞，贾为卫，鲁克改，等，2018. 准噶尔盆地南缘下白垩统钙质砾岩铀矿化成因及找矿方向［J］. 新疆地质，36（3）：399-405.

唐勇，徐洋，瞿建华，等，2014. 玛湖凹陷百口泉组扇三角洲群特征及分布［J］. 新疆石油地质，35（6）：628-635.

万静萍，马立祥，周宗良，1989. 恢复酒西地区白垩系变形盆地原始沉积边界的方法探讨［J］. 石油实验地质，11（3）：245-249.

王龙樟，1994. 准噶尔盆地中新生代湖水位升降曲线的建立与剖析［J］. 岩相古地理，14（6）：1-14.

王龙樟，1995. 准噶尔盆地中新生代陆相层序地层学探讨及其应用［J］. 新疆石油地质，16（4）：324-330.

卫平生，潘树新，王建功，等，2007. 湖岸线和岩性地层油气藏的关系研究——论"坳陷盆地湖岸线控油"［J］. 岩性油气藏，19（1）：27-31.

吴磊伯，马胜云，沈淑敏，1958. 砾石排列方位的分析并论述长沙等地白沙井砾石层的沉积构造［J］. 地质学报，38（2）：201-231.

吴磊伯，1957. 砾石定向测量的意义与方法［J］. 地质知识，12：1-6.

吴磊伯，沈淑敏，1962. 滨砾石粗构分析的一个实例［J］. 地质学报，42（4）：353-361.

杨潮，赵霞飞，1988. 新疆昌吉南部侏罗系中统头屯河组河流沉积特征及古河流的重塑［J］. 沉积学报，6（4）：33-43.

杨克文，庞军刚，李文厚，2009. 坳陷湖盆湖岸线的确定方法——以志丹地区延长组为例［J］. 兰州大学学报（自然科学版），45（3）：13-17.

于兴河，瞿建华，谭程鹏，等，2014. 玛湖凹陷百口泉组扇三角洲砾岩岩相及成因模式［J］. 新疆石油地质，35（6）：619-627.

张昌民，王绪龙，朱锐，等，2016. 准噶尔盆地玛湖凹陷百口泉组岩石相划分［J］. 新疆石油地质，37（5）：606-614.

张庆云，田德利，1986. 利用砾石形状和圆度判别第四纪堆积物的成因［J］. 长春地质学院学报，（1）：59-64.

张顺存，邹妞妞，史基安，等，2015. 准噶尔盆地玛北地区三叠系百口泉组沉积模式［J］. 石油与天然气地质，36（4）：640-650.

张坦，张昌民，瞿建华，等，2018. 准噶尔盆地玛湖凹陷百口泉组相对湖平面升降规律研究［J］. 沉积学报，36（4）：684-694.

张天文，2011. 粒度资料在沉积环境判别模式中的应用［D］. 重庆：西南大学.

赵康，双棋，王兵，等，2017. 准噶尔盆地南缘阿尔钦沟剖面八道湾组河道砂体构型［J］. 新疆石油地质，38（5）：530-536.

赵晓林，单玄龙，郝国丽，等，2017. 准噶尔盆地喀拉扎背斜侏罗系头屯河组油砂储层沉积相与储层评价［J］. 地球科学与环境学报，39（3）：419-427.

郑浚茂，王德发，孙永传，1980. 黄骅拗陷几种砂体的粒度分布特征及其水动力条件的初步分析［J］. 石油实验地质，（2）：9-20，61.

仲伟军，黄新华，张玉华，等，2018. 准噶尔盆地红车断裂带结构特征及其控藏作用［J］. 复杂油气藏，11（2）：1-5.

周天琪，吴朝东，袁波，等，2019. 准噶尔盆地南缘侏罗系重矿物特征及其物源指示意义［J］. 石油勘探与开发，46（1）：65-78.

朱大岗，赵希涛，孟宪刚，等，2002. 念青唐古拉山主峰地区第四纪砾石层砾组分析［J］. 地质力学学报，8（4）：323-332.

朱明，汪新，肖立新，2020. 准噶尔盆地南缘构造特征与演化［J］. 新疆石油地质，41（1）：9-17.

邹妞妞，史基安，张大权，2015. 准噶尔盆地西北缘玛北地区百口泉组扇三角洲沉积模式［J］. 沉积学报，33（3）：607-615.

Folk R L, Ward W C, 1957. Brazos river bar: A study in the significance of grain size parameters［J］. Journal of Sedimentary Petrology, 27（1）: 3-26.

Gao Z Y, Guo H L, Zhu R K, et al. 2009. Sedimentary response of different fan types to the Paleogene-Neogene Basin transformation in the Kuqa Depression, Xinjiang Province［J］. Acta Geologica Sonica, 83（2）: 41-424.

Hartley A J, Weissman G S, Nichols G J, et al, 2010. Large distributive fluvial systems: Characteristics, distribution, and controls on development［J］. Journal of Sedimentary Research, 80: 167-183.

Michael Bliss Singer, 2008. Downstream patterns of bed material grain size in a large, lowland alluvial river subject to low sediment supply［J］. Water Resources Research. 44: 1-7.doi: 10.1029/2008WR007183.

Nicola Surian, 2002. Downstream variation in grain size along an Alpine river: Analysis of controls and processes［J］. Geomorphology, 43: 137-149.

Olariu C, Bhattacharya J P, 2006. Terminal distributary channels and delta front architecture of river-dominated delta systems［J］. Journal of Sedimentary Research, 76: 212-233.

Singer M B, 2008. Downstream patterns of bed material grain size in a large, lowland alluvial river subject to low sediment supply［J］. Water Resources Research. 44: W12202, 1-7. doi: 10.1029/2008WR007183.

Surian N, 2002. Downstream variation in grain size along an Alpine river: analysis of controls and processes［J］. Geomorphology, 43: 137-149.

附　　录

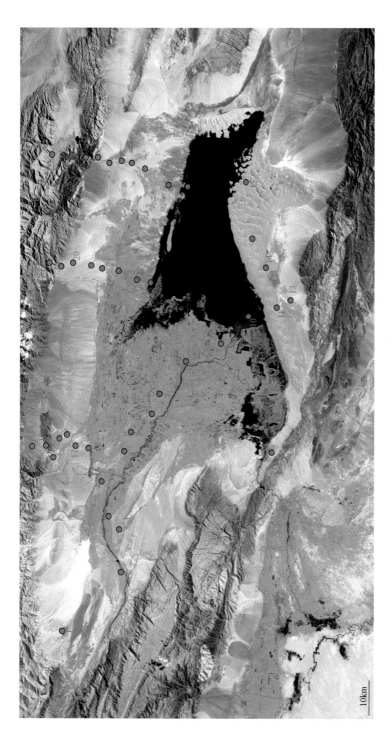

新疆博斯腾湖周缘湖周缘现代多类型沉积体系考察点分布

冲积平原河流沉积体系：1—察汗乌苏水电站—开都河山间河段；2—大山口水电站—开都河山间河段；3—上游镇辫状河段；4—连心桥辫状河下游与呼青窗门村辫状河—曲流河过渡段；
5—乌拉斯台农场三连曲流河段（砾石质顺直流河段）；6—军皇大桥两侧曲流河下游段；7—龙尾村蛇曲河道与顺直河段过渡河段；8—十号渠村顺直河段；
9—博湖县城开都河分汉口—现今开都河口三角洲河入湖口，三角洲平原—前缘过渡带；

湖泊沉积体系：11—博湖岸边溪湖—沼泽，出湖的孔雀河上游焉耆盆地敞口；12—孔雀河上游冯焉耆盆地敞口；13—扬水站东 9km 湖滩与风成沙丘；14—白鹭洲湖滩与风成沙丘；
15—月亮湾湖滩与风成沙丘；

冲积扇沉积体系：16—和静县黄水沟收费站冲积扇扇根；17—黄水沟冲积扇扇中辫状河道等；18—额勒再特乌鲁乡皮府东 6km 扇中—扇端沉积；
扇三角洲沉积体系：19—和硕县城北清水河出山口—扇三角洲平原辫状河道；20—出山口下游 5km 扇三角洲平原辫状河道；21—铁道桥北—南两侧扇三角洲平原辫状河道；
22—扇三角洲平原辫状河分流河道—单—径流河道；23—茶汗通古河山间河—马兰红山扇三角洲平原近端；24—马兰红山扇三角洲平原辫状河道；
25—金沙滩扇三角洲平原与湖交互区、滨湖与风成沙丘沉积；

-158-

考察点 1：察汗乌苏水电站开都河山间河段，海拔 1691m

考察点位于和静县城西 70km 的察汗乌苏水电站，可见宽约 500m 的山间河段。砂砾质沉积粒度粗，含大砾石；砾石成分有花岗岩、花岗斑岩、凝灰岩、石灰岩、变质岩等。河流两岸有两级阶地。

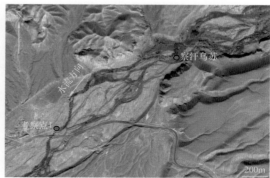

河流发育多级阶段，河床大量堆积砾石

砾石粒径大、圆度较好

河流阶地大量堆积砾石与粗砂

砾石与大量粗砂质沉积物

考察点 2：大山口水电站开都河山间河段，海拔 1341m

考察点位于新疆和静县城西开都河中游干流上，可见宽约 2km 河谷及宽约 150m 河道。该河段水流变缓，河道内砾径明显变小，多小于 50cm。砾石成分有花岗岩、凝灰岩、大理岩、变质岩等。河道边滩沉积中下部以砾石为主，上部砂质发育，以中粗砂—细砂为主，一般厚 1.0～1.6m，并发育根土层、虫孔等。开都河山间河段的流向受南东向、北东向基底走滑断层控制，经常切入冲积扇和阶地，下切速率为 0.5～3mm/a，一般为 1mm/a。开都河河道的下切及下游泛滥平原的形成始于 30—10ka；盆地南部的冲积扇形成于 12—13ka 的全球气候变暖期。

下切河谷，可见4级阶地；河谷宽度较上游宽

砾石扁平面倾向上游方向，砾径较上游小

河道内砾石—砂质正韵律沉积，厚度较大

砂质内发育植物根须与较多虫孔

焉耆盆地西部遥感图像及地质图，显示开都河断层带西段断层分布（据林爱明等，2003）

考察点 3：上游镇辫状河沉积

点 3-1：上游镇拜勒其尔村南辫状河上游，海拔 1174m

考察点位于辫状河上游，可见辫状河河道带宽 430～720m；单河道水面宽约 80m；辫状坝长 200m×宽 50m 到长 670m×宽 160m 不等；砾径明显变小，最大直径为 30.2cm，平均为 9.82cm，反映水动力较强；砾石成分有花岗岩、凝灰岩、片麻岩、砂岩等。

主河道内水动力较强，水下辫状坝发育在河道交汇处

次级弱水动力辫状河道，可见圆度较好的砾石

窄深河道水动力较宽浅河道强，两河道相互切割冲刷

辫状坝砾石沉积，圆度较好

辫状坝表面砂泥质淤积层，植被发育

考察点 3：上游镇辫状河段

点 3-2：上游镇哈尔莫墩大桥辫状河中游，海拔 1117m

此处辫状河道宽度较拜勒其尔村南变宽，可达 1.03km；砾径明显变小，呈次圆—次棱状，反映水动力较强；砾石扁平面倾向上游方向；砾石成分有花岗岩、凝灰岩、石灰岩、变质岩等；砾质坝宽 70～90m，长 200～300 多米，表面有砂质沉积。

辫状河道与坝体沉积

河道内砾石坝，坝头砾石为主，反映水动力强

点坝迎水侧砾石发育，坝内砂质、植被发育

主河道辫状坝，以砾石沉积为主，植被、细砂质沉积物少

辫状河垂向沉积序列：砾质—砂质正韵律

考察点 4：连心桥辫状河下游与呼青徜门村辫状河与曲流河过渡段

点 4-1：连心桥辫状河下游，海拔 1090m

此处河道宽约 180m，水体较深，水动力较强；坝体宽数十米至 130 余米，长 100～300 多米；沉积物以砾石为主，砾径与点 3 相比变化不明显，呈次圆—次棱角状。

辫状河道水体较深、水动力较强，植被发育

辫状河道内砾石坝

河道堤岸砾石滩，岸后内侧砂质发育

砾石滩中的叠瓦状构造，砾石扁平面倾向上游方向

砾石圆度较好，成分较复杂

考察点4：连心桥辫状河下游与呼青衙门村辫状河与曲流河过渡段

点4-2：呼青衙门村辫状河—蛇曲河过渡段，观察点1海拔1081m，观察点2海拔1078m

此处辫状河道宽300~400m（点1），至汇聚处由200m下降至80m左右。第一个蛇曲转弯处河道宽约55m（点2）。在汇合处，河道坡度变陡，水深流急。河道内有侧积点坝发育。

1—向来水方向倾向1°；2—向来水方向倾向180°

观察点1—辫状河道

观察点2—蛇曲河道水深流急

两处沉积物相近，以砂砾质为主；
砾径较上游变小，砂质增多

砾石成分复杂，圆度有差异，砾石间充填大量砂质

考察点 5: 乌拉斯台农场三连曲流河上游
砾石质曲流河段, 海拔 1074~1075m

  此处为砾石沉积与砂质沉积的过渡段, 河道宽 100~250m, 可见废弃河道、牛轭湖; 河道侧岸有大量砂砾质沉积, 边滩 (点坝) 坝头以砾石沉积为主, 砾径变小, 坝尾以砂质为主。

边滩 (点坝) 整体以砾石沉积为主   点坝尾部砾石坝及叠置的沙丘

曲流河道内砾石坝及叠置的沙丘,
两者形成于不同的水动力条件   牛轭湖 (21团良繁连月牙湖), 植被茂盛

考察点 6：军垦大桥两侧曲流河下游段，南北两侧海拔为 1063m 和 1065m

　　此处距开都河的博斯腾湖入口约 65km，可见河道宽 150～300m；边滩（点坝）沉积以小砾石与粗砂质为主，小砾石主要为河道滞留沉积。曲流河道中心有采砂船，表明河道内有大量砂质沉积。边滩（点坝）由多期洪水沉积形成，包含多个交错层理和块状层段，整体具正韵律结构。点坝表面有较多形态怪异的钙质砾石分布，如姜状钙质砾石。当地人称之为石猴子，是气候干旱时形成的钙结核被水流打碎后再次搬运堆积而成。

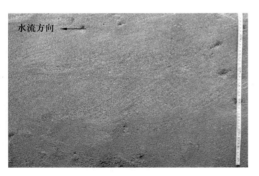

大桥北侧点坝砂体垂向沉积序列

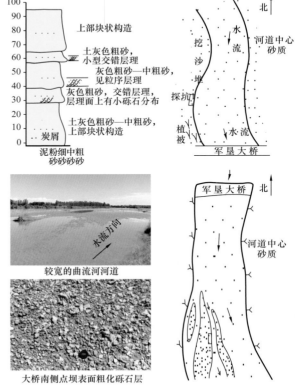

大桥南侧点坝砂体垂向沉积序列

较宽的曲流河河道

大桥南侧点坝表面粗化砾石层

考察点 7：龙尾村蛇曲河段至顺直河段过渡带，海拔 1063m

此处河道宽度变化大，蛇曲段尾部宽 150～250m，顺直河段头部宽约 400m；点坝宽 35m× 长 60m 到宽 140m× 长 490m，表面多有植被覆盖。蛇曲河道向顺直河段过渡受控于北西向断裂，由河流顺断裂延伸形成（刘新月，2005）。

蛇曲河道变为顺直河道

河道边堤岸发育细砂质沉积

河道内点坝上发育大量植被

①—和静深凹；②—焉耆断裂带（据刘新月，2005）控制顺直河段走向；③—四十里城次凹；④—宝浪苏木断裂带；⑤—七里铺次凹；⑥—本布图构造带；⑦—本布图东次凹；⑧—库木布拉克次凹；⑨—种马场断裂带；⑩—南部凹陷；⑪—库代力克构造带；⑫—和硕西断裂带；⑬—曲惠断裂带；⑭—霍拉山断裂带

焉耆盆地主要断裂带及菱形凹陷分布

考察点 8：十号渠村顺直河段，海拔 1059～1060m

此处河道宽 450～490m，可见宽 36m×长 164m 到宽 127m×长 566m 点坝；点坝表面可见大量沙波叠置，其波峰砂质细，波谷砂质粗或含小砾石。探槽显示顺直河道沉积发育大型交错层理、平行层理及河道底部滞留砾石等。

顺直河道内点坝与堤岸

顺直河道堤岸沉积远观，河道点坝表面可见大量沙波

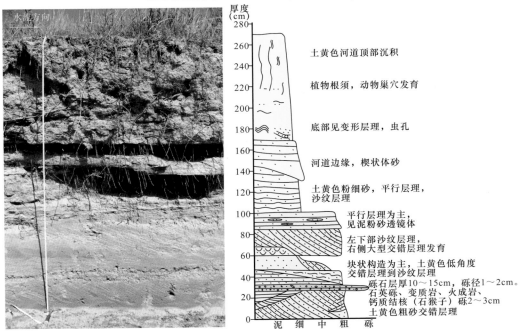

顺直河道段垂向沉积序列

考察点9：博湖县城开都河分汊口开都河三角洲平原起点，海拔1056m

此处河道变窄明显，从出焉耆县城的宽约340m至此下降至宽约180m。三角洲平原起点早期可能在焉耆县城东侧附近，现已迁移至博湖县城分流汊口。分析表明，现今分流河道的形成与顺直河道点坝的发育紧密相关。源自此处分流汊口的分流河道分别沿南、东南、西南方向向博湖延伸。受分流作用影响，分流河道宽度逐渐变窄至170～70m。

分流汊口起点顺直河道

分流汊口下游河道与堤岸沉积

分流河道堤岸砂泥质沉积，植被发育

分流河道堤岸中细砂质与泥质沉积

考察点 10：开都河入湖口三角洲平原—前缘过渡带，海拔 1051m

此处三角洲平原分流河道宽约 50m，入湖分流河道宽 30～45m；河道整体较顺直，河堤以粉细砂、泥质沉积为主，堤上芦苇等植被发育；河口坝宽 130～280m，长 160～500余米，向湖泊内过渡为面积较小的远沙坝。

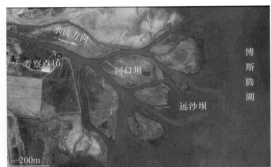

三角洲平原上的分流河道

分流河道水动力较强

远处河口坝上大量植被发育

河口附近泥粉砂质沉积植被发育

考察点 11：博湖岸边滨湖、沼泽及出湖的孔雀河河口与风成沙丘，海拔 1053m 左右

滨湖带沉积以灰色粉砂质泥、泥质粉砂沉积为主，可见螺等生物。博湖公路横穿滨岸带，沿途可见大量植被，近岸带以红柳为主，向湖内过渡为蒲苇、芦苇等。孔雀河上游进水口经扬水站人工增加水流。水流从滨湖、沼泽经蛇曲水道向西南出口流出；水道宽30～50m。

俯瞰博斯腾湖（图片来自网络：http://www.xjtvs.com.cn/hy/sy/tp/index_2.shtml）

滨湖植被发育

滨湖深灰色泥粉砂质沉积

湖沼内水道

滨湖深灰色泥粉砂质与螺沉积

孔雀河上游进水口

人工挖掘顺直水道，发育横向沙坝

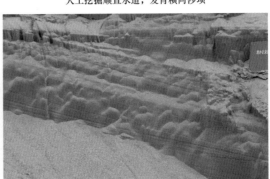

博湖南岸大型风成沙丘

风成沙丘中的大型高角度交错层理

考察点 12：孔雀河上游（焉耆盆地敞口），海拔 1053m

孔雀河上游河道源自博湖，沿下游方向从蛇曲河逐渐转变为顺直河，直至流入铁门关水库。该河道宽 40～60m，沿途有支流从西北方向并入。这些支流向孔雀河输送了大量砂砾质沉积。铁门关水库水面海拔约 1053m，大坝下游海拔约 1030m，库尔勒市海拔约 960m。

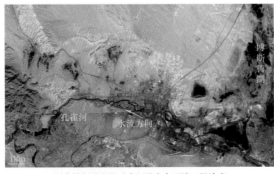

源自博斯腾湖的孔雀河从东向西流，沿途有
支流从北西方向汇入

孔雀河支流与干流汇合后一并流入铁门关水库

考察点 13：扬水站东 9km 湖滩与风成沙丘

此处可见宽约 1000m 的斜列坝、宽 440～600m 的湖滩及风成沙丘群。沙丘表面可见大量沙波及植被；沙波主要由中砂组成，其次是细砂；砂粒分选明显，暗色矿物（密度大）多分布于波峰，浅色矿物多分布于在波谷。湖面海拔 1051m，湖滩海拔 1052m，沙丘海拔 1079～1112m。

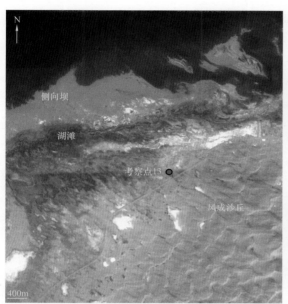

大面积分布的风成沙丘

沙丘上的沙波与植被

沙丘上的沙波，可见颗粒分异，暗色矿物多分布于波峰，浅色矿物多分布于波谷

考察点 14：白鹭洲湖滩与风成沙丘沉积，海拔 1052m

此处可见宽约 1100m 的斜列坝、宽 300～800m 的湖滩及大型风成沙丘群；受西风影响，斜列坝坝体向北东方向延伸，呈鱼翅状，最窄处宽约 430m，最宽处宽达 1100m。沙丘高出湖面可超过 100m。

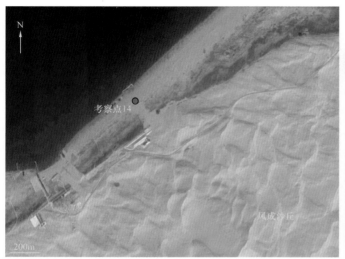

湖滩沙坝与植被

沙坝主要由中细砂组成

多个斜列坝与湖滩砂质沉积

大型风成沙丘，主要由中细砂构成

考察点 15：月亮湾湖滩与风成沙丘，孤立坝
海拔 1076～1105m

　　此处可见多个孤立坝、斜列坝；孤立坝个体大，一般大于1000m×2000m，高出湖面达20～50多米不等；斜列坝宽度不等，介于300～900m，同时受湖流和风控制。湖滩与风成沙丘过渡区主要沉积细砂，其沉积构造以块状为主，其次是交错层理等。湖滩砂质沉积，顶部通常可见厚约10cm的薄层状深灰色泥质层。

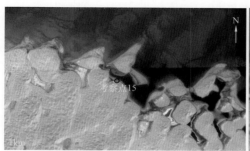

孤立坝（沙丘岛）与湖滩

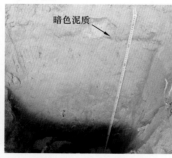

湖滩主要由块状粉细砂组成，夹薄层暗色泥，表面发育植被

湖滩与风成沙丘过渡区以中细砂沉积为主，发育交错层理、平行层理及块状构造

考察点16：和静县218国道黄水沟收费站冲积扇扇根

点16-1：和静县218国道黄水沟收费站上游10km处山间河，海拔1410m

此处为冲积扇河流上游山间河段，河谷宽300～400m，最窄处宽约200m，河道水面宽约30m。山间河段内可见孤立坝、侧积坝及少量辫状坝，孤立坝长260m×宽60m，侧积坝长330m×宽80m，辫状坝长350m×宽110m。河床可见大量的砂砾质混合沉积，其中砾石平均粒径15.63cm，成分有片麻岩、混合花岗岩等。

河谷全貌（前方为上游方向）

山间河两级阶地，阶地可见大量砂砾质沉积

阶地上巨大的砾石沉积

砾岩砾石圆度好　　　　　　火山岩砾石圆度差

片麻岩砾石呈次棱角状

山间河砂砾质沉积，分选极差

考察点 16：和静县 218 国道黄水沟收费站冲积扇扇根

点 16-2：黄水沟收费站冲积扇扇根与辫状河道，海拔 1321m

此处可见由新老扇体叠置而成的冲积扇复合体，整体长 18km 左右，宽 19km 左右。复合体中部可见老扇体已被抬升至断阶带上盘，新扇体则位于下盘，前者受河流下切侵蚀，为后者供了部分沉积物。新扇体至少有两个，长约 9.5km，宽约 9km。出山口冲积扇扇根辫状河河谷宽约 180m，河谷内砾石丰富。砾石圆度较好，多呈次棱角—次圆状，成分有花岗岩、花岗片麻岩、变质石英岩、变质岩及石灰岩等。冲积扇根砾石—砂质沉积正旋回特征明显。

黄水沟冲积扇全貌

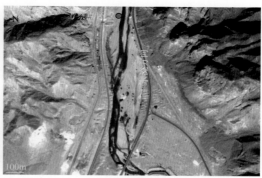

冲积扇扇根辫状河

扇根辫状河道可见大量砾石堆积，两侧堤岸不发育

辫状河道砾石—砂质沉积可见两个正旋回

砾石扁平面倾向河道上游

考察点17：黄水沟冲积扇扇中辫状河道等沉积

点17-1：老冲积扇扇体——安吉然组（上新统—下更新统）隆升夹持现今新扇体，扇中沉积与物源输送通道，海拔1238m

此处可见新老扇体叠置而成的复合扇体，扇体表面可见多期辫状河道。隆升的老扇体沉积于上新世—更新世早期，其砾岩已固结成岩（早成岩），为安吉然组（N_2—Q_1）。现今新冲积扇的扇根位于老扇体中的下切河谷，其中河谷宽约900m，夹持于两侧隆升的山体之间。新扇体扇中砾石成分较复杂，粒径偏小。

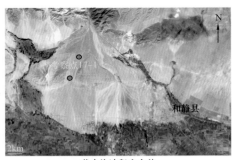
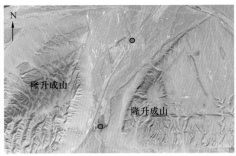

黄水沟冲积扇全貌

隆升成山的老扇体（安吉然组）

老扇体隆升成山，两山夹持的河谷辫状河发育

老扇体砾石沉积已经固结成岩（安吉然组）

考察点 17：黄水沟冲积扇扇中辫状河道等沉积

点 17-2：和静公园南侧铁路桥北扇中辫状河道沉积，海拔 1247m

此处可见扇中辫状河道带宽 300～1000m；辫状坝长 180～690m，宽 50～130m；河道水面宽 10～20m。辫状河道轴部沉积以砾石质为主，侧翼以砂质沉积为主。砾石的特征是粗度较粗（平均粒径为7.54cm），发育叠瓦状构造，成分有片麻岩、混合花岗岩、花岗岩、砂岩等。

黄水沟冲积扇全貌

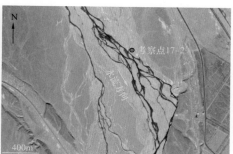
冲积扇扇中辫状河道

辫状河道沉积特征，两侧堤岸不发育

辫状河道轴部砾质沉积

辫状河道侧翼砂质沉积，平面分布不均

片麻岩
花岗岩
砾石

砂岩
砾石

考察点 17：黄水沟冲积扇扇中辫状河道等沉积

点 17-3：铁路桥南扇中辫状河道冲刷侵蚀老冲积扇

辫状河道带（海拔 1224m）下切老扇体（安吉然组，海拔 1277m 左右）形成的河谷，河谷宽 860m，下切深度约 50m。辫状河道带宽约 500m，辫状河道内砾质坝发育，坝体长 100m，宽 30m 左右；辫状河道间有砂质沉积，见平行层理及泥裂。砾石成分有花岗岩、片麻岩、混合花岗岩、石英岩等，平均砾径 7.85cm。

扇中辫状河道下切侵蚀抬升之冲积扇

河道内大量砾石沉积，扁平面倾向上游方向

花岗岩、片麻岩、石英岩等砾石

河道侧翼低注处砂质及泥裂发育

辫状河道砾石上部砂质沉积发育平行层理

考察点 17：黄水沟冲积扇扇中辫状河道等沉积

点 17-4：省道桥北扇中辫状河道分汊形成的冲沟，海拔 1178m

此处辫状河道分汊及汇聚十分普遍，形成宽度变化极大的辫状河道带。沿下游方向，河道带从 550m 过渡到 1440m，再向南宽至 3700m，甚至更宽。辫状河道汇聚处常见深潭。河道内砾径较大，尤其是水动力强的地方，向侧翼则逐渐变小。砾石的长轴倾向于上游方向，但分支水道砾石的倾向可能与主水道不一致。砾石圆度较好，粒度较粗（平均粒径为 8.18cm），成分有花岗岩、片麻岩、混合花岗岩、石英岩等。

辫状河道合并，前端有冲沟

辫状河道合并，水流侧砾石直径大

河道内砾石直径较两侧大，扁平面向上游方向

辫状河道合并，且两侧堤岸不发育

辫状河道内砾石圆度较好

考察点 17：黄水沟冲积扇扇中辫状河道等沉积

点 17-5：省道桥南扇中辫状河道，海拔 1112m

    此处辫状河道带宽达 3800m 左右，单河道宽 300m，河道水面宽约 10m。河道内砾石明显较上游小，砂质沉积物增加明显。其中，砾石粒径平均仅 5.47cm，成分有花岗岩、片麻岩、混合花岗岩、石英岩等；砂质沉积仅在局部上覆于砾石层之上，发育波痕层理和低角度交错层理。

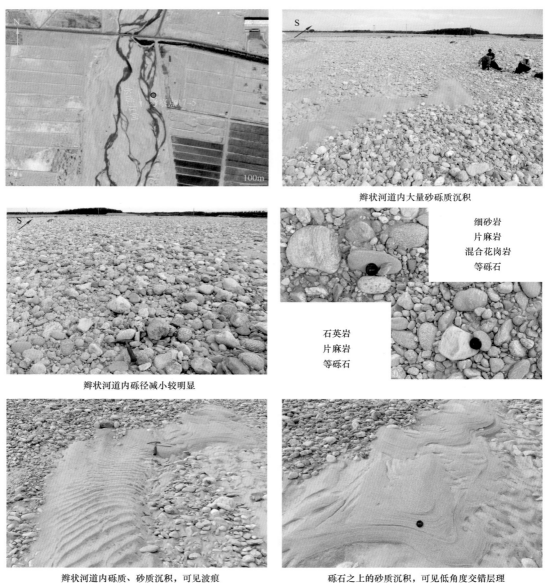

辫状河道内大量砂砾质沉积

细砂岩
片麻岩
混合花岗岩
等砾石

辫状河道内砾径减小较明显

石英岩
片麻岩
等砾石

辫状河道内砾质、砂质沉积，可见波痕

砾石之上的砂质沉积，可见低角度交错层理

考察点 18：额勒再特乌鲁乡政府东 6km 扇中和扇端，海拔 1100m

此处可见辫状河道汇合呈单一径流河道并过渡为扇端。扇中辫状河道带宽约 1.4km，向下游变窄至 470m 左右，直至变为宽约 260m 的单一径流河道。辫状河道内砾石较上游减少且变细，砂质沉积则增多，前者成分较复杂，后者常有植被覆盖。扇端单一径流河道内砾—砂沉积，具正韵律结构，其中砂质以中砂为主，不发育沉积构造。

辫状河道汇聚成单一径流河道

扇中末端辫状河道内砾石与砂质沉积，
两侧堤岸不明显

辫状河道两侧冲刷面，下部为块状砾石层；
上部为受风影响的砂质沉积层，可见交错层理

辫状河道汇聚成单一径流河道后侵蚀能
力增强，对早期沉积地层下切明显

扇端单一径流河道内砾—砂正韵律沉积

考察点 19：和硕县城北清水河出山口扇三角洲平原辫状河道，海拔 1385m

　　早期扇三角洲平原发育主沟槽及沟槽侧翼、泥石流、漫流等沉积。沟槽内砾石具定向性，倾向上游方向；泥石流中砾石与砂泥质混合，杂基支撑。出山口处扇三角洲平原辫状河道宽 100～190m，侵蚀下切早期扇三角洲平原明显，下切深度约 8m。辫状河道内砾石较大（平均砾径 16.86cm），具一定圆度，成分为片麻岩、混合花岗岩、砂岩、花岗岩等。部分大砾石可能为早期的冰川沉积。

 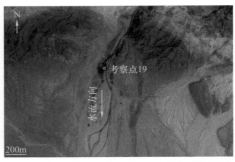

扇三角洲平原根部辫状河道砾石沉积　　辫状河道内大砾石（Boulders）可能为冰川沉积重力流

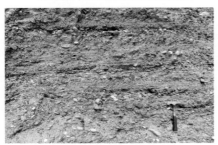 

扇三角洲平原根部片流（漫流）沉积，　　　早期泥石流（Debris Flow）沉积被现今河道下切，
即洪水漫出堤岸的沉积　　　　　　　下切深度可达10m；重力流沉积砾石杂乱堆积，杂基支撑

考察点 20：出山口下游 5km 扇三角洲平原辫状河道沉积，海拔 1292m

此处扇三角洲平原辫状河道带宽 240~410m，可见现今河道侵蚀切入早期扇三角洲平原，下切深度约 5m。沿下游方向，下切河道变浅、变宽。河道内砾径变小，（平均砾径 11.44~13.5cm），具一定圆度，成分为片麻岩、混合花岗岩、砂岩、花岗岩等。砾石层内部可见定向排列和颗粒支撑结构，表面可见疑似冰川成因的大漂砾，垂向可见 2~3 期正韵律结构。

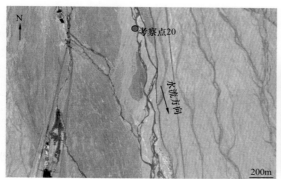

辫状河道变宽，下切变浅

辫状河道沉积，由2~3期正韵律沉积叠置而成

颗粒支撑砾石

辫状河道下切早期冰川沉积（?），辫状坝发育

上部漂砾可能为冰碛沉积，下部砂砾质沉积，为现今辫状河道沉积

考察点 21：铁道桥南北两侧扇三角洲平原辫状河道，海拔 1163m

此处扇三角洲平原辫状河道带宽 480～570m，河道内砾石坝上可见树干及低水位期沉积的砂泥质不均匀分布。辫状坝受河道冲刷侵蚀明显，坝头砾石较粗，坝尾可见砂质沉积。河道内砾石较粗，平均砾径 7.91～10.33cm，成分为片麻岩、混合花岗岩、砂岩、花岗岩等。

辫状河道内砾石沉积（视域前方为下游）

受辫状河道侵蚀改造的砾质坝

搁浅于砾质坝上的较完整树干

低水位期砂泥质沉积，其分布不均匀，
与河床底形有关

辫状河道砾石浅滩，
反复淘洗后
形成筛积物

考察点 22：扇三角洲平原辫状分流河道—单一径流河道—湖岸带

点 22-1：树林带北缘扇三角洲平原辫状河道，有冰川、重力流等影响，海拔 1092m

　　此处扇三角洲平原辫状河道带宽 460m 左右，单河道带宽 70m 左右，可见现今河道侵蚀切入早期扇三角洲平原沉积。河道内砾质沉积较上游减少，砂质沉积则增多，两者叠置构成正韵律结构。其中，砂质沉积具小型交错层理、平行层理，顶部或因生物扰动不发育沉积构造，局部可见砂砾质灌入裂隙。河道内砾径 7.86cm，成分为片麻岩、混合花岗岩、砂岩、花岗岩等。少数大漂砾可能为冰川或重力流等沉积。

扇三角洲平原辫状河道沉积

辫状河道砂泥质沉积层可见砂砾质贯入地震/重力垮塌成因的近直立裂隙中

考察点 22：扇三角洲平原辫状分流河道—单一径流河道—湖岸带

点 22-2：树林带南缘公路桥扇三角洲平原辫状河道合并成单一河道，海拔 1085m

此处扇三角洲平原辫状河道逐渐汇合成宽约 110m 的单一河道。河道内砂质沉积增多明显，要多于砾质沉积。砂质沉积的特征是常发育沙波底形，砾石的特征是粒度偏细（平均砾径 3.69cm），成分为片麻岩、混合花岗岩、砂岩、花岗岩等。单河道下切侵蚀特征明显，常切入早期沉积的河道砂砾质沉积。

辫状河道汇合成单一径流河道

下部辫状河道沉积，上部漂砾或为冰川沉积

辫状河道内可见植物炭屑，其AMS ^{14}C测年：
1—（140±30）aBP；2—（150±20）aBP；
3—（290±20）aBP估算沉积速率为12.5cm/10a=1.25cm/a

单一河道内砂砾质沉积，凹岸侵蚀明显

河道内
水下沙波

河道点坝
砂砾质沉积

考察点 22：扇三角洲平原辫状分流河道—单一径流河道—湖岸带

点 22-3：树林带南缘水闸南扇三角洲平原低弯度河道，海拔 1079m

此处扇三角洲平原可见宽约 30m 的低弯曲度河。河道内砂质沉积增多明显，要多于砾质沉积。砂质沉积的特征是粒度较粗，发育交错层理和平行层理；砾石的特征是粒度偏细（平均砾径 5.10cm），成分为片麻岩、混合花岗岩、花岗岩、砂岩等。河道下切深度较上游大，堤岸普遍高 2~3m。

低弯度河道砾质—砂质沉积，以砂质为主

低弯曲度河道砾质—砂质沉积

低弯曲度河道下切河谷，两侧堤岸为砂质沉积

河道沙坝，可见交错层理—平行层理—块状构造

河道沙坝，可见交错层理

考察点22：扇三角洲平原辫状分流河道—单一径流河道—湖岸带

点22-4：县道289的8km处及其南侧扇三角洲平原顺直河道—湖岸带，海拔1058m

此处扇三角洲平原可见宽30～80m顺直河道。顺直河道可能受人为干扰，卫片上显示为蛇曲河道。河道内砂砾质沉积以砂质为主，砾质多分布在河道侧翼。砂质沉积的特征是粒度偏粗（以粗—中砂为主），沙纹发育；砾质沉积的特征是粒度偏细（平均砾径5.28cm），成分为片麻岩、混合花岗岩、花岗岩、砂岩等。河堤较矮，高约0.5m，可见大量植被发育。湖岸带砂砾质沉积多有植被覆盖。

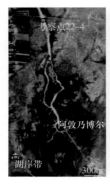

顺直河道河床沉积以砂质为主，可见波痕

河道侧翼局部可见砾质沉积

河床砂质沉积波痕发育

河道内砂质沉积波痕发育；堤岸植被发育

湖岸带沙砾质沉积多有植被覆盖

考察点 23：茶汗通古河山间河马兰红山扇三角洲平原根部

点 23-1：马兰红山山间盆地（茶汗通古河）内冰川搬运沉积大量粗粒径砾石，后期受河流改造，海拔 1726m

此处可见宽约 130m 河道带，河道以低弯曲度为特征。河道内可见砾石及砂质沉积，植被较发育。其中，砾石粒径粗，圆度较好，呈次棱角—次圆状，成分以花岗岩、花岗斑岩为主，少量脉石英、变质岩。部分巨大的砾石可能经冰川搬运后沉积，后期受河流改变。

山间盆地内的低弯曲度河及砂砾质沉积

堆积于低弯曲度河流河床上的次圆—次棱角状大砾石，
部分砾石或经冰川搬运后沉积

河道内砾石
与砂质沉积

山间盆地内
冲积平原

考察点 23：茶汗通古河山间河马兰红山扇三角洲平原根部

点 23-2：水泥厂旁扇三角洲平原辫状河道出山口，冰川作用形成大量砾径粗砾石堆积，海拔 1262m

此处扇三角洲平原可见宽 100～200m 的辫状河道带。辫状河道内砾石粒径粗（平均砾径 23.55cm），圆度较好，成分为花岗岩、片麻岩、暗色火山岩等。河床上广泛堆积的大砾石可能由冰川沉积叠加河流作用形成。冰川沉积分布范围有限，仅从出山口向下游延伸约 2km。

山顶发育冰川冰斗　　　　　　　　　　　冰川搬运沉积的大砾石

出山口扇三角洲平原辫状河道砾石沉积　　　　次圆—次棱角状大砾石

考察点 23：茶汗通古河山间河马兰红山扇三角洲平原根部

点 23-3：水泥厂向南 2km（榆树下）扇三角洲平原辫状河道，海拔 1231m

此处扇三角洲平原辫状河道带宽 350～400m，河道水面宽约 10m。辫状河道内可见大量砾石沉积，其中砾石的特征是粒径粗（平均砾径 15.42cm），圆度较好，成分为花岗岩、片麻岩、砂岩、暗色火山岩等。河道堤岸广泛分布粒径可达 50～60cm 的大砾石，其成因或为冰川沉积。

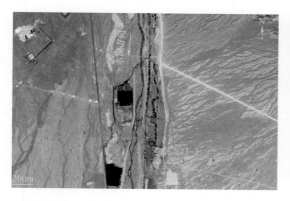

扇三角洲平原辫状河道沉积

河道堤岸广泛分布粒径可达50～60cm的大砾石

辫状河道内可见大量砾石沉积

冰川搬运沉积的巨大花岗岩砾石

辫状河道内砂岩、花岗岩、暗色火山岩等砾石

考察点 24：马兰红山扇三角洲平原辫状河道沉积

点 24-1：公路石桥扇三角洲平原辫状河道，海拔 1207m

此处扇三角洲平原辫状河道发育，现今河道宽 100～200m。辫状河道和辫状坝可见分选较差的砂砾质沉积，其中砾石的特征是粒径较上游小，呈次棱角—次圆状，成分有花岗岩、变质岩、脉石英等。

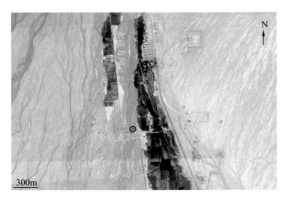

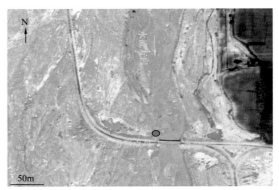

左图局部放大

辫状河道内砾石、砂质沉积及辫状坝

河道内砾石质辫状坝

河道内砾石扁平面倾向上游方向

河道内沙砾质沉积分选差

考察点 24：马兰红山扇三角洲平原辫状河道沉积

点 24-2：高速桥南 500m 扇三角洲平原辫状河道，海拔 1171m

此处扇三角洲平原可见宽约 400m 的辫状河道带。辫状河道内可见多期河道相互切割叠置形成的复合坝。坝体内部可见砾质沉积和砂质沉积构成正韵律结构，其中砾石的特征是粒径较粗（平均砾径 10.05cm），圆度较好，成分为花岗岩、片麻岩、砂岩、暗色火山岩等。

后期河道冲刷切割早期河道，堤岸可见两级阶地

辫状河砾质—粗砂质复合坝，可见三期正韵律结构

砾质—粗砂质复合坝，局部可见砾石定向排列结构

砾石定向排列结构，砾石长轴倾向上游方向

小砾石—粗砂质正韵律沉积

考察点 24：马兰红山扇三角洲平原辫状河道沉积

点 24-3：十字路口南 1.8km 采沙场扇三角洲平原辫状河道，海拔 1154m

此处扇三角洲平原可见宽 370～500m 辫状河道带。辫状河道内可见多期河道相互切割叠置形成的复合坝。坝体内部可见砾质沉积和砂质沉积构成正韵律结构，砂质前积层盖在砾质之上，之后砾石再沉积之上。河道内砾石的特征是粒径较细（平均砾径 5.95cm），圆度较差，成分为花岗岩、片麻岩、砂岩、暗色火山岩等。

考察点 24：马兰红山扇三角洲平原辫状河道沉积

点 24-4：机场路芳香庄园扇三角洲平原辫状河道，海拔 1125m

此处扇三角洲平原可见宽 150～320m 辫状河道带。辫状河道内可见多期河道相互切割叠置形成的复合坝。坝体主要由砂质沉积构成，可见砾质沉积，垂向上砾质沉积和砂质沉积构成正韵律结构。河道内砾石的特征是粒径较细（平均砾径 5.06cm），成分为花岗岩、片麻岩、砂岩、暗色火山岩、石英岩等。

辫状河道以砂质沉积为主，砾石沉积为辅

多期河道冲刷侵蚀，砾质—砂质构成正韵律

左图局部放大，侧向侵蚀充填构造

可见多期冲刷面的复合坝，由小砾石和粗砂—中细砂构成

辫状河道内充填分选差的砂砾质沉积

考察点24：马兰红山扇三角洲平原辫状河道沉积

点24-5：乌什塔拉乡沙井子村口西1km扇三角洲平原辫状河道，海拔1109m

此处扇三角洲平原可见宽100~170m辫状河道带。辫状河道内以砂质沉积为主，粗砂—粉砂均有，整体较粗。河道内砾石的特征是粒径较细（平均砾径3.83cm），圆度一般，成分为花岗岩、片麻岩、砂岩、暗色火山岩、石英岩等。扇三角洲平原前端受风影响强烈，发育多个高达20余米的大型风成沙丘。沙丘呈新月形成，连接后呈链状，分布范围达长7.6km×宽3.5km。

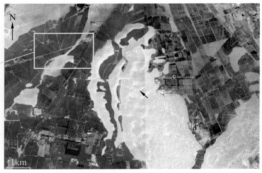

扇三角洲平原前端发育多个大型沙丘

辫状河道内以含砾砂质沉积为主，砾径变小；
河流冲刷侵蚀作用减弱明显

河道内砾质、砂质沉积

复成分砾石，圆度一般

河床砂砾质沉积，可见流水浪痕

考察点 25：金沙滩扇三角洲平原与湖交互区滨湖与风成沙丘，海拔 1052m

　　此处为扇三角洲平原与湖泊过渡带，季节性河流作用弱，风与湖泊影响强烈。湖岸滩坝发育，可见平行或斜交岸线的平行坝、斜列坝。平行坝宽 1.1～1.7km，长约 9.5km；斜列坝宽 1.5km 左右。此处的斜列坝与分布于湖泊南岸的斜列坝（考察点 14—15）大致呈镜像关系。滨湖带主要为砂泥质沉积，含生物碎屑滩，植被较发育。岸后可见高 2～3m 的风成沙丘。风成沙丘主要由中砂构成，可见高角度交错层理和反韵律结构。

扇三角洲平原远离湖岸一侧向沙漠沉积
环境过渡，可见风成沙丘

湖岸带发育滩坝等沉积

湖岸带植被较茂盛，发育风成沙丘

滨湖带植被与生屑滩沉积

土黄色块状粉细砂层夹暗色含生屑泥质层

岸后风成沙丘

中细砂质风成沙丘，发育高角度交错层理